罗曼·罗兰箴言录

Luoman Luolan Zhenyanlu

姚 丽 /编写

吉林教育出版社

图书在版编目(CIP)数据

罗曼·罗兰箴言录 / 姚丽编写. — 长春：吉林教育出版社，2012.6（2018.2重印）
（和谐校园文化建设读本）
ISBN 978－7－5383－8775－9

Ⅰ.①罗… Ⅱ.①姚… Ⅲ.①罗曼·罗兰(1866～1944)－箴言－青年读物②罗曼·罗兰(1866～1944)－箴言－少年读物 Ⅳ.①B821－49

中国版本图书馆 CIP 数据核字(2012)第 117719 号

罗曼·罗兰箴言录			姚 丽 编写
策划编辑	刘 军 潘宏竹		
责任编辑	尹曾花	装帧设计	王洪义
出 版	吉林教育出版社（长春市同志街1991号 邮编130021）		
发 行	吉林教育出版社		
印 刷	北京一鑫印务有限责任公司		
开 本	710毫米×1000毫米 1/16 　13印张　字数　165千字		
版 次	2012年6月第1版　2018年2月第2次印刷		
书 号	ISBN 978－7－5383－8775－9		
定 价	39.80元		

吉教图书　　版权所有　　盗版必究

编 委 会

主　　编：王世斌

执行主编：王保华

编委会成员：尹英俊　尹曾花　付晓霞
　　　　　　刘　军　刘桂琴　刘　静
　　　　　　张　瑜　庞　博　姜　磊
　　　　　　潘宏竹
　　　　　　（按姓氏笔画排序）

总 序

千秋基业，教育为本；源浚流畅，本固枝荣。

什么是校园文化？所谓"文化"是人类所创造的精神财富的总和，如文学、艺术、教育、科学等。而"校园文化"是人类所创造的一切精神财富在校园中的集中体现。"和谐校园文化建设"，贵在和谐，重在建设。

建设和谐的校园文化，就是要改变僵化死板的教学模式，要引导学生走出教室，走进自然，了解社会，感悟人生，逐步读懂人生、自然、社会这三部天书。

深化教育改革，加快教育发展，构建和谐校园文化，"路漫漫其修远兮"，奋斗正未有穷期。和谐校园文化建设的研究课题重大，意义重要，内涵丰富，是教育工作的一个永恒主题。和谐校园文化建设的实施方向正确，重点突出，是教育思想的根本转变和教育运行机制的全面更新。

我们出版的这套《和谐校园文化建设读本》，全书既有理论上的阐释，又有实践中的总结；既有学科领域的有益探索，又有教学管理方面的经验提炼；既有声情并茂的童年感悟，又有惟妙惟肖的机智幽默；既有古代哲人的至理名言，又有现代大师的谆谆教诲；既有自然科学各个领域的有趣知识，又有社会科学各个方面的启迪与感悟。笔触所及，涵盖了家庭教育、学校教育和社会教育的各个侧面以及教育教学工作的各个环节，全书立意深邃，观念新异，内容翔实，切合实际。

我们深信：广大中小学师生经过不平凡的奋斗历程，必将沐浴着时代的春风，吸吮着改革的甘露，认真地总结过去，正确地审视现在，科学地规划未来，以崭新的姿态向和谐校园文化建设的更高目标迈进。

让和谐校园文化之花灿然怒放！

本书编委会

目　录

第一章　关于"人" ……………………………………… 001
　第一节　人 ………………………………………………… 001
　第二节　人与人 …………………………………………… 015
　第三节　女人 ……………………………………………… 015
　第四节　男人 ……………………………………………… 024
　第五节　男人和女人 ……………………………………… 028
　第六节　母亲 ……………………………………………… 028
　第七节　孩子 ……………………………………………… 029
　第八节　青年 ……………………………………………… 032
第二章　关于"我" ……………………………………… 037
第三章　关于"生命" …………………………………… 048
　第一节　生命 ……………………………………………… 048
　第二节　人生 ……………………………………………… 054
　第三节　人类 ……………………………………………… 062
　第四节　历史 ……………………………………………… 068
　第五节　社会 ……………………………………………… 069
　第六节　生活 ……………………………………………… 071
　第七节　命运 ……………………………………………… 076
第四章　关于"爱" ……………………………………… 080
　第一节　爱 ………………………………………………… 080
　第二节　情感 ……………………………………………… 096
第五章　关于"灵魂" …………………………………… 103
　第一节　灵魂 ……………………………………………… 103
　第二节　心灵 ……………………………………………… 106

  第三节　品　　德 …………………………………………… 109
  第四节　性　　格 …………………………………………… 111
  第五节　精　　神 …………………………………………… 112
  第六节　信　　仰 …………………………………………… 114
  第七节　宗　　教 …………………………………………… 119
  第八节　理　　想 …………………………………………… 121
  第九节　思　　想 …………………………………………… 121
第六章　关于"自由" ……………………………………………… 124
  第一节　自　　由 …………………………………………… 124
  第二节　幸　　福 …………………………………………… 125
  第三节　友　　谊 …………………………………………… 126
第七章　关于"真理" ……………………………………………… 131
  第一节　真　　理 …………………………………………… 131
  第二节　存　　在 …………………………………………… 135
  第三节　智慧的力量 ………………………………………… 137
第八章　关于"创造" ……………………………………………… 139
  第一节　天　　才 …………………………………………… 139
  第二节　创　　造 …………………………………………… 142
  第三节　行　　动 …………………………………………… 148
第九章　关于"宇宙" ……………………………………………… 152
第十章　关于"秩序" ……………………………………………… 155
  第一节　民　　族 …………………………………………… 155
  第二节　国　　家 …………………………………………… 157
  第三节　权　　利 …………………………………………… 159
  第四节　和　　平 …………………………………………… 160
  第五节　战　　争 …………………………………………… 161
第十一章　关于"艺术" …………………………………………… 168
  第一节　音　　乐 …………………………………………… 168
  第二节　艺　　术 …………………………………………… 176
  第三节　艺 术 家 …………………………………………… 184
附录一：罗曼·罗兰的生平简介 …………………………………… 192
附录二：罗曼·罗兰的主要作品 …………………………………… 201

第一章 关于"人"

第一节 人

和众人相处而感觉寂寞,这就必须让人与人之间都成为兄弟。

《母与子》中·第3卷

几千年来人类和动物这样亲密地生活在一起,却没有努力去互相认识……是的,它们的毛,它们的肉,这些是认识的……可是它们的思想,它们的感觉是什么,它们究竟是什么,对于这些,人们一点也不操心。他们不好奇。他们不喜欢受干扰。为了懒得多思多想,他们干脆不承认动物有思想……可是,人与人之间互相认识并不比认识动物更多些。人与人徒然混在一起,每个人的生活中充满了自己。

《母与子》中·第3卷

每个人都在自己身上培养着五六个小妖精,隐藏得好好地。而谁都不会拿这来夸耀,人们装作瞧不见这些,可是谁都不急于抛弃它们……

《母与子》上·第1卷

一个人不能一下子改变整个社会的思想的。

《约翰·克利斯朵夫》卷 7·第 2 部

一个人生活在一个陌生的环境里决不能无所沾染。环境多少要留些痕迹在你身上。尽管深闭固拒，你早晚会发觉自己有些变化的。

《约翰·克利斯朵夫》卷 5·第 2 部

一个聪明人尽可批判别人，暗地里嘲笑别人，轻视别人，但他的行事是跟他们一样的，仅仅略胜一筹罢了：这才是控制人的唯一的办法。

《约翰·克利斯朵夫》卷 4·第 1 部

不管你穿什么衣服，人总还是那样的人。人不能没有别人而单独过日子。最自傲的人也需要有他的一份关爱，而且形势越逼他闭口无言，他的不忠实的思想越要设法让他漏底。

《母与子》上·第 2 卷

每个人都呆在内心生活的垣墙之内不出来。一种奇特的羞怯。人们展示自己的恶癖与贪欲（拉乌尔夸耀过这一切），并不像展示灵魂的悲剧那样脸红。

《母与子》上·第 2 卷

强者发现事情无可挽救的时候，能忘记人家给他的伤害，也能忘记自己给人家的伤害。但一个人的强并非靠理智，而是靠热情。

《约翰·克利斯朵夫》卷 8

人到处都是一样的：应当忍受，不该一味固执，跟社会作无谓的斗争，只要心安理得，我行我素就行了。像贝多芬所说的："要是我们把自己的生命力在人生中消耗了，还有什么可以奉献给最高尚最完善的东西？"

《约翰·克利斯朵夫》卷5·第2部

可怜的是不能生产的人，在世界上孤零零的，流离失所，眼看着枯萎憔悴的肉体与内心的黑暗，从来没有冒出一朵生命的火焰！可怜的是自知不能生产的灵魂，不像开满了春花的树一般满载着生命与爱情的！社会尽管给他光荣与幸福，也只是点缀一具行尸走肉罢了。

《约翰·克利斯朵夫》卷4·第1部

各人都用自己的形象去看世界。心中没有生气的人所看到的宇宙是枯萎的宇宙；他们不会想到年轻的心中充满着期待、希望，和痛苦的呻吟，即使想到，他们也冷着心肠，带着倦于人世的意味，含讥带讽地把他们批判一阵。

《约翰·克利斯朵夫》卷7·第2部

在互相尊重、互相爱护的人中比互相不关心或互相敌视的人中更为敏感。

《罗曼·罗兰回忆录》

人们通过别人看见自己。别人也看见你，人们只通过反射认识自己。

《母与子》下·第4卷

每个人都有他的隐藏的精华，和任何别人的精华不同，它使人具有自己的气味。

《母与子》中·第3卷

人们往往自以为不可缺少……其实没有一个人是不可缺少的。

《母与子》中·第3卷

人们简直可以说是献给神庙的牺牲。

《母与子》下·第4卷

人只能给予自己有的东西。

《搏斗》

一个人真要有很大的力量，才能知道自己的弱点，才能使自己即使不能完全做主，至少能控制自己的民族性——那是像一条船一样把你带着往前冲的——才能把宿命作为自己的工具而加以利用，拿它当作一张帆似的，看着风向把它或是张起来或是落下去。

《约翰·克利斯朵夫》卷10·第2部

一个元气旺盛的人健康的时候，能吞下所有的力量，连有害的在内，而且能把它们化为自己的血肉。甚至有的时候，一个人会觉得跟自己最不相象的成分倒反最有吸引力，因为其中可以找到更丰富的养料。

《约翰·克利斯朵夫》卷10·第4部

人心是多么奇怪的东西！人们永远、永远不知道心里将起什么风暴,而且把人卷走……不知卷到哪儿?

《母与子》上·第1卷

但是在一个人身上,别人永远不能理解的东西有多少啊!

《母与子》上·第1卷

正如哲学家所说,"生命力"是受限制的。这力量从来不是同时向各方面起作用。一边行进,一边把他们的光明射向四周,这种人才是稀少的,非常稀少的。在那些能够点亮他们的灯笼的人(这种人为数不多),大半都是把他们的灯对准他的面前照着,只照一点,唯一的一点;在四周,他们什么也瞧不见。有人甚至说,朝一个方向前进,差不多总是以从另一个方向后退作为代价的。比如有人在政治上是革命者,在艺术上却是无聊的保守派。如果他把他的成见舍弃了一小撮(他比较不大在乎的成见之中的一小撮),他却把另一些成见更其小气地紧紧抱在身上。

《母与子》上·第1卷

有两种人类(正如在法国,大家说有两种官职):"坐着"的人类和"站着"的人类。于里安,正如他所属的书房知识分子这类人一样,他们完全是坐在屁股上生活和死亡的。然而他作出英勇的努力,想举起他的思想!他用瘦弱的手臂,他把他的思想像一块岩石似的抛入行动。但是,这种思想徒然震动了老旧社会的墙垣,它又从墙上反弹到自身,落在抛掷它的那人身上。当他上床睡觉时,他反复考虑,额头显得疲惫不堪:"上帝!人类何其沉重!"

《母与子》下·第4卷

一个知识者从来不会原谅一个同行在他身上看到他自己所不愿意看见的东西，因为不管他怎么办，他知道有他所不愿意看的东西在那里。

《母与子》下·第 4 卷

　　最好、最慷慨的人心，并不是最不可怕的。这种人并不恨任何人。他们把不顺眼的人干脆取消掉。这种不动声色地消灭别人，其实还不如仇恨。

《母与子》下·第 4 卷

　　在平常生活中，人与人之间的关系很少以互相尊重为基础，更多地以共同的本能和习惯为基础。

《母与子》上·第 2 卷

　　我们之中最渺小的人也包藏着无穷的世界。无穷是每个人都有的，只要他甘于老老实实的做一个人，不论是情人，是朋友，是以生儿育女的痛苦换取光荣的妇女，是默默无闻的牺牲自己的人。无穷是生命的洪流，从这个人流到那个人，从那个人流到这个人。

《约翰·克利斯朵夫》卷 8

　　我们不能很好地认识一个人，除非看见他在日常的行动中，绷紧了全身的弹簧，把他的动作和姿态都很自然地表现出来。

《母与子》上·第 2 卷

　　一个人用不着大家了解，有些心灵抵得上整个的民族，它们在那里代替民族思想；它们所想的东西，将来自会由整个民族去体验。

《约翰·克利斯朵夫》卷 4·第 3 部

在同一血统的人们之间,血缘关系并不一定起作用。然而,一旦它起了作用,那是何等强大的秘密力量!这是在我们耳边轻轻说话的一个声音:"这个别人,也还是我自己。虽然是在另一个模型中塑造的,但本质却是一样。我认出了我自己,但是和我不一回事,而且由一个陌生的灵魂占据着……"

《母与子》上·第2卷

各种人合起来才成其为世界。

《约翰·克利斯朵夫》卷5·第2部 西杜妮语

一个活生生的具有相当价值的性灵比最伟大的艺术品还可贵。

《罗兰与梅森葆的通信》1890年9月11日

人与人之间主要的区别就在于他们有一些是积极,另一些是消极的。

《母与子》上·第2卷

人的本性用突然袭击提醒你,条约没有签字是不能生效的。

《母与子》中·第3卷

往往一个人寻找的上帝就在他身上而不知道。你和他一道渡过飞流之后才认识他。

《罗曼·罗兰回忆录》

人们说,"上帝创造了人"。但是人更好地创造了上帝!创造上帝的任务远远没有完结!

《罗曼·罗兰回忆录》

掩盖了真实的面目,灵魂被阉割的病人,他无力保持自己的信仰,而以背叛自己为满足,我称之为双重人格。

《罗曼·罗兰回忆录》

精神自由是一个人最神圣的财富。

《罗曼·罗兰回忆录》

一切活着的人都有通向"灵魂"深处的林荫大道,但大部分活人都被挡住了去路,却步了,或是在丛林中迷失了方向。

《罗曼·罗兰回忆录》

所有那些英雄人物的信仰将留传后世,因为那些信仰基于上帝的旨意和"他"对人类行动所起的作用。但是,精力充沛的人怎能相信神奇呢?

《罗曼·罗兰回忆录》

一个有"道德"的英雄人物,一个善良的英雄人物,不能不相信一个有能力去创业的人是像他一样有道德的人,甚至比他更强的人。

《罗曼·罗兰回忆录》

不能使自己的整个天性与他的事业和他的创作完全融合起来的人,决不是一个伟大的人物!

《罗曼·罗兰回忆录》

人（Vulgusumbrarum）① 真的是为了思想而生的吗？人们自信是这样，他让自己作出这样的姿态，他以为在坚持这一点，好像坚持固定不变的动作一样。但是人并不思想。他并不思想，无论是面对一张报纸，面对办公桌，或面对日常动作的飞滚着的轮子。轮子跟他一同转，一同空转。

《母与子》上·第 2 卷

一个人决不能回到过去，只有继续向前。回头是无用的，除非看到你早先经过的地方，和住过的屋顶上的炊烟，在天边，在往事的云雾中慢慢隐灭。可是把我们和昔日的心情隔离得最远的，莫如几个月的热情。那好比大路拐了一个弯，景色全非，而我们是和以往的陈迹永诀了。

《约翰·克利斯朵夫》卷 3·第 3 部

人是不能要怎么就怎么的。志愿和生活根本是两件事。

《约翰·克利斯朵夫》卷 3·第 3 部

一个人并不永远在创作。

《内心的历程·博爱，和平》

有的人认为自己的理智和逻辑能够满足便是一种愉快；他们的牺牲不是为了人，而是为了思想。这是最刚强的一批。

《约翰·克利斯朵夫》卷 9·第 1 部

---

① 拉丁文：庸庸碌碌的幽灵。

一个人要独立，就非孤独不可；但有几个人熬得住孤独？便是在那些最有眼光的人里头，能有胆量排斥偏见，丢开同辈的人没法摆脱的某些假定的，又有几个？要那么办，等于在自己与别人之间筑起一道城墙。墙的这一边是孤零零的住在沙漠里的自由，墙的那一边是大批的群众。看到这情形，谁会迟疑呢？大家当然更喜欢挤在人堆里，像一群羊似的。气味虽然恶劣，可是很暖和。所以他们尽管心里有某种思想，也装做有某种思想（那对他们并不很难），其实根本不大知道自己想些什么！……

《约翰·克利斯朵夫》卷9·第1部

最有气魄的人也只是造出些角色来给自己扮演，而并不为自己打算。

《约翰·克利斯朵夫》卷7·第2部

无疑的，一个人必须以梦想充实人间的空虚，可不是那些从未表达的思想。

《罗兰与梅森葆的通信》1890年9月30日

感觉到周围太空虚的人是不幸的，假如从他的灵魂中不能升起一支有力的歌，克服沉默的恐怖！

《罗兰与梅森葆的通信》1890年9月28日

谁知道一个人自欺自骗可以达到什么程度？人们总不愿意正视自身的隐忧。

《母与子》上·第1卷

人们在判断一个人的行动时，不能不考虑其动机，这是他的自我写照——他的利己主义。为什么要给"利己主义"这个字加上贬义呢？我倒想知道在没有各种利己主义的推动、影响和相反的情况下，世界将会是什么样子！利己主义是世界的动力。上帝是最大的利己主义者，对他来说，对他自己的爱就是对别人的爱，除了这种爱什么都没有。他是生命的全部表现。

《罗曼·罗兰回忆录》

很好地了解和描绘历史人物的唯一方法是深入到他们中去。如果不能爱他们就做不到这一点。没有同情心的现实主义是一种无火之焰。在朴素的大自然中，我看到了这个道理：生命的原则是爱护它的存在，并坚定不移。历史学家应该怀有最广泛的同情，心里充满了对他所赞同的人的热爱。

《罗曼·罗兰回忆录》

既贞洁而又为热情所燃烧，既天真而又懂事，安乃德认识她的那些欲望。如果说她把它们抑制在她思想的阴影中，它们却在她的另一些意念中，引起了混乱。她的全部精神活动都解体了。她的思考能力瘫痪了。

《母与子》·上·第1卷

更可能是由于那些巨大的，神圣不可侵犯的本能，老是在暗中纠缠，自然界使这些本能在安乃德身上留下丰富和沉重的积累，安乃德觉得，独自一人，她是不完整的，在精神、身体和情感各方面，都不完整。不过对于身心两方面，她竭力地少想，因为这些在她思想中纠缠得已经太多了。

《母与子》上·第1卷

我终于从他的生活和信札中重新建立了他的性格与灵魂。现在我有我的贝多芬了,犹如我已经有了我的莫扎特。一个人对他所爱的历史人物,对那些仿佛作为一个完全的整体而发展的人物,都应该这样做一下,因为他们死后这种发展就绝对终止了。对于活着的人说来则每一分钟都带来一项新的事物,一个人必须经常突破他已经造成的藩篱而使它更扩大。

《罗兰与梅森葆的通信》1890年9月18日

他不拒绝拿别人的东西。他拒绝的是给别人东西。

《母与子》上·第2卷

忏悔室中的秘密是神圣的。接受别人忏悔的人,被慈悲的情感净化了,不至于被坦白的内容所玷污,或引起愤慨。他参与了人类本性的弱点。忏悔者的弱点也就是接受忏悔者①的弱点,他对此产生怜悯,他把对方的过错归咎于他自己。他此刻更爱忏悔者,因为他用手指给对方洗了脚。

《母与子》中·第3卷

人们在忏悔之后,是为了重新抬起头来,而且说:"我所失去的,早晚我一定把它拿回来,不管是出于自愿,还是出于强迫。"

《母与子》中·第3卷

人生活着,背叛和自我背叛,有如从一只鸡啼到另一只鸡啼。

《母与子》中·第4卷

---

① 接受忏悔的一般都是天主教神甫。

当人在学习如何生活时，同伴是多余的，他们应当走开。人们应当有不必当着群众而干蠢事的权利。

《母与子》中·第 4 卷

本能有它自己的途径，而且是最短最好的途径。

《母与子》上·第 1 卷

人们在分享一株树时，只分果实。至于树身上的液汁通流的管道，那都是我的。

《母与子》下·第 4 卷

只有极平凡的人才从来不祈祷。他们不懂得坚强的心灵需要在自己的祭堂中潜修默炼。

《约翰·克利斯朵夫》卷 5·第 1 部

一个大人物反抗那些社会柱石的苦斗，结果只给他们作为消遣。

《约翰·克利斯朵夫》卷 5·第 2 部

一个人满足恶癖的时候，不管多么愉快，倘使不能同时相信自己是为未来的时代工作，总嫌美中不足。

《约翰·克利斯朵夫》卷 5·第 1 部

平时行为最不检点的人并不是最宽容的。

《约翰·克利斯朵夫》卷 9·第 2 部

人们失去了的东西不再存在，而人们自己还存在着。人不可能同时存在而又不存在。选择很快就决定了：活着的人抛弃他与死者的碍手碍脚的联系，自己伸展一下。如果这种联系坚持不松散，他就从旁用小刀子给以天真的一击。他什么也没有瞧见。死者倒下去了。活着的人可以活下去了。

《母与子》中·第3卷

过去，现在，甚至将要到来的一切，到了某一时刻，好像都出现在同一平面上。我们和所有活着的人精神是一致的。

这种精神上的一致是恒久的。这使人心神不宁。这种一致性是隐蔽的，大家并没有想到，在一天中的每时每刻它实现了。

《母与子》下·第4卷

每人有每人的烦恼。每人的烦恼都是按照自己的尺寸造成的，只不过，人人的烦恼都不一样。

《母与子》中·第3卷

人们什么都可以原谅，就是不能原谅你拒绝和别人吃同一盘菜肴。

《母与子》中·第3卷

以自己的身体作为他人的食物。人就是为此而生的。在一切美好的事物中，这是最美好的！

《母与子》中·第3卷

人自出世以来，和自己生活在一起，自己认识自己，相信自己。联成整块的一个人，看起来很简单。人与人却相像，他们仿佛是从一个店铺里出售的完整的货品。可是在使用过程中，人们发现在外衣下面有多少不同的个人！

《母与子》中·第3卷

第二节　人与人

当我们把过去的伟人作为做人的模范时，我跟他们是有些疏远的。

《先驱者·高尔基的两封信（罗兰的答复）》

我们必须学会甚至不被我们敬佩的人所奴役。

《先驱者·托尔斯泰——自由的精神》

了解一个人的朋友实际上创造了那个人。

《内心的历程·博爱，和平》

自己加于别人的伤是最疼痛的。你不能把它当自己的伤口医治，我们会生新皮肤，它会结疤，但我们不能替别人生新皮肤，于是他们的伤口就会使我们疼痛……

《搏斗》

第三节　女　人

妇女是大自然给我们的，我们可以在她们怀中倾注欲望与痛苦的火烫的波涛，或是将她的波涛和我们的波涛汇合起来。

《母与子》中·第3卷

一个妇女即使赌输了,她也相信最后总会赢的。

《母与子》中·第3卷

在今天,妇女们分担了男子的工作,她们代替男子操劳。男子们的生活就是她们的生活。她们决不会低头不敢仰视。

《母与子》中·第3卷

一个女人可以经历一百种生活,而什么也学不到。

《母与子》中·第3卷

女人或许只有对一般想在她们身上寻求多少意义的人才成其为谜。

《约翰·克利斯朵夫》卷3·第3部

两个女人在一块儿等于一个陌生世界。

《约翰·克利斯朵夫》卷3·第3部

女人原来对外界的影响比较感觉灵敏,对生活情况也适应得更快,更能随遇而安。

《约翰·克利斯朵夫》卷4·第1部

倘使一个女人没有一种幻象,使她觉得能完全驾驭那个爱她的人,给他不论是好是坏的影响,那就是这个男人爱她爱得不够,而她非要试试自己的力量不可了。

《约翰·克利斯朵夫》卷3·第3部

男子制造作品，女人制造男子——倘使不是像当时的法国女子那样也来制造作品的话——而与其说她们制造，还不如说她们破坏更准确，固然，不朽的女性对于优秀的男子素来是一种激励的力量①，但对于一般普通人和一个衰老的民族，另有一种同样不朽的女性，老是把他们往泥洼里拖。而这另一种女性便是思想的主人翁，共和国的帝王。

《约翰·克利斯朵夫》卷5·第2部

一个女人最得意的是能相信自己在对付一个比她更弱的男子。那时不但她的弱点，便是她的优点——她的母性的本能，也得到了满足。

《约翰·克利斯朵夫》卷5·第2部

女人早晚必有些心地善良的时间，只要你耐性等待。

《约翰·克利斯朵夫》卷8

一个女人要过孤独的生活，像男人一样的奋斗（往往还要防着男人），在一个没有这种观念而大家对之抱着反感的社会里，是最可怕的……

《约翰·克利斯朵夫》卷8

现代女子的大不幸，是她们太自由而又不够自由。倘使她们更自由一点，就可以想法找点事作依傍，从而得到快感和安全。倘使没有现在这样的自由，她们也会忍受明知不能破坏的夫妇关系而少痛苦些。但最糟的是，有着联系而束缚不了她们，有着责任而强制不了她们。

《约翰·克利斯朵夫》卷8

---

① "不朽的女性"一语，见歌德的《浮士德》第2部："不朽的女性带着我们向上。"

女人老听见人家说她是个有病的孩子,就以疾病与幼稚自傲。人们培植她们的懦弱,帮助她们变得更懦弱。

《约翰·克利斯朵夫》卷8

就在最规矩的女人身上有时也会露出风骚的本相。

《约翰·克利斯朵夫》卷10·第2部

一个女人的灵魂,倦于终生孤独的挣扎,带着遍体伤痕,是会期望一个沉默、坚强的伴侣照料的。

《搏斗》

至于女人呢,就算是最善良的,心里往往也有黑暗的曲径,有刺不透的冷酷,有怨有恨。

《搏斗》

她是女人,好比一道没有定形的水波。她所遇到的各种心灵,对于她仿佛各式各种的水瓶,可以由她为了好奇,或是为了需要,而随意采用它们的形式。她要有什么格局,就得借用别人的。她的个性便是不保持她的个性。她需要时常更换她的水瓶。

《约翰·克利斯朵夫》卷5·第2部

人们徒然知道自己没有权利,自己以为毫无嫉妒之意,一个女人决不会心甘情愿做另一个女人的朋友,而这个女人和她认识的男子是有夫妇关系的。

《母与子》下·第4卷

这个女人，她有可能为了她所爱的人把自己身体剁成小块，也有可能把她所恨的人剁成小块，而且魔鬼才知道她为什么有时爱，有时恨！

《母与子》下·第4卷

爱情在女子身上，不但唤醒了恋人，而且唤醒了母亲。她自己不知道：这两种企望，融合成为一种情感。

《母与子》上·第1卷

女人是多么孤独啊！除了孩子以外，什么都牵不住她，而孩子也不足以永远牵住她；因为倘若她不但是个女人，而且是个十足地道的女性，有着丰富的灵魂而对生活苛求的话，她就天生地需要做许多事情，而那是没有人家帮忙，不能单独完成的！……男人可没有这样孤独，哪怕在最孤独的时候也不到女人那个地步。他心里的自言自语就足够点缀他的沙漠，而倘若他和另外一个人一起孤独的话，他就更加能适应，因为他更不注意孤独，而老是自言自语了。他想不到自己若无其事地在沙漠中自个儿说话，使身边的女人觉得她的静默更惨酷，她的沙漠更可怕，因为对于她，一切的语言都已经死了，爱情也不能使它再生了。他没注意到这一点，他不像女人一样把整个生活孤注一掷地放在爱情上面，他还关切着旁的事……但谁去关切女人们的生活和无穷的欲望呢？这些亿兆的生灵，怀着一股热烈的力量，自从有人类起，四千年来老是毫无结果地燃烧着，把自己奉献给两个偶像：爱情与母性——而母性这个崇高的骗局，对千千万万的女人还靳而不与，对另一部分的女子不过是充实了她们几年的生命……

《约翰·克利斯朵夫》卷8

在生活还没有对我显示我所不知道的东西以前，我觉得无论如何女人绝不应当把整个生命都沉浸在对孩子的爱中……（你不要皱眉头啊！……）我确信人们可以非常爱自己的小孩，老老实实地操持家务，同时却保留足够的自己——我们应该这样——为了最主要的。

《母与子》上·第1卷

发现世界，这件事本身其实已经和世界一样的古老，但是每一个俯身在摇篮上的母亲，总要把这件事重新进行一遍。

《母与子》上·第2卷

在今天的社会里，在今天的风俗中，一个单身的、年轻的自由妇女的处境，不但使她容易受人追逐，而且使这种追逐合法化。

《母与子》上·第2卷

妇女在实际生活中更强有力，如果她们处身于男子的罗网中，只是当了俘虏，她们却并没有认输……

《母与子》上·第2卷

一个女人要争取一个男人的时候，她照着镜子，使自己的智巧，和她的眼色一样，按男人所喜爱的样子去装扮。

《母与子》上·第2卷

做母亲的不了解什么叫做雄心，只知道有了天伦之乐，尽了平凡的责任，便是人生的全福，她这一套不假思索的哲学的确也有许多真理和伟大的精神在内。她那颗心是只知有爱不知有其他的。舍弃人生，舍弃理性，舍弃逻辑，舍弃世界，舍弃一切都可以，只不能舍弃爱！

这种爱是无穷的，带着恳求意味的，同时是苛求的。她自己把什么都给了人，要求人家也什么都给她，她为了爱而牺牲人生，要被爱的人也作同样的牺牲。一颗单纯的灵魂的爱就有这种力量！像托尔斯泰那么彷徨歧途的天才，或是衰老的文明过于纤巧的艺术，摸索了一辈子、几世纪，经过了多少艰辛，多少奋斗而得到的结论，一颗单纯的灵魂，靠了爱的力量一下子便找到了！

《约翰·克利斯朵夫》卷 4·第 3 部

　　人，尤其是妇女，并不是铁板一块的，尤其到接近中年的时候，那时反抗与革新的本能，和那些令人瘫痪的保守习惯混在一起。人们不能从自己的处境形成的成见中，以及从已经固定的需要中一下子解脱出来，即使是最自由的灵魂也办不到。人们有遗憾，有疑虑，人们什么也不愿意丧失，什么都想占有。

《母与子》上·第 2 卷

　　一个女人的孤独并非由于任性，而是由于迫不得已，她必须自己谋生，不依靠男人，因为她没有钱就没有男人要她。她不得不孤独，而一点得不到孤独的好处。因为，在我们这儿，她要是像男子一样的独往独来，就得引起批评。一切对她都是禁止的。

《约翰·克利斯朵夫》卷 8

　　即使最好的妇女，至多能宽恕对方的无礼，却永远也忘不掉。

《母与子》上·第 1 卷

　　一个最智慧的妇女在阅读时决不会完全处于忘我状态，因为她内心的浪潮非常汹涌。

《母与子》上·第2卷

上帝知道她的女性想象力，满脑子从小说中学到的学问，将要建筑什么空中楼阁！

《母与子》上·第4卷

从前曾经伟大或是可能伟大的那些艺术家和有识之士后面，一定有个女人在腐蚀他们。她们都是危险的，不管是蠢的或是不蠢的，爱他们的或只爱自己的。

《约翰·克利斯朵夫》卷7·第2部

一个女人总是一个女人，可以做母亲或大姐。即使她头脑冰冷，她的心肠是热的。这个心肠微颤着，响应男子的一切激情，而且表示同情。男子如果觉得他的头太沉重，可以把他的额头放在女人的心窝上。女人是男子的巢穴。

《母与子》上·第4卷

即使是最贞洁的妇女，并不是献出身体，而是献出精神的妇女，也是献身于能使妇女孕育的男子，有意志有作为的男子。

《母与子》中·第4卷

你不是仅仅带着你的爱情到我这儿来的。你是和你的亲人们、你的朋友们，你的主顾们和亲戚们、你的划定了的道路、你的选定了的事业，你的政党和它的那些教条。你的家庭和它的那些传统——你带着属于你的整个世界，等于是你本人的整个世界，到我这儿来的。而我呢，我也有一个世界，我也是一个世界——你对我说："不要管你的世界！把它抛开，而进入我的世界！"

《母与子》上·第1卷

我知道我是存在的，知道我有一个生命……一个可怜的生命……生命并不是很长的，而且生命只有一次……我有权利……不，不是权利……如果你不愿意这样说！这样说显得自私……我有义务，不能糟蹋我的生命，不能将生命随便地浪费……

《母与子》上·第1卷

一个女性，不论她多么庸俗，如果是为了满足她的残酷本能，在观察她的受害人的心理方面，总是相当精明的。

《母与子》上·第3卷

一个贤淑的女人是尘世的天堂。

《约翰·克利斯朵夫》卷5·第2部

凡是一个女人需要爱人家，需要被人家爱的那种独占的欲望，只能以自己的孩子为对象的时候，母性往往会发展过度，成为病态。

《约翰·克利斯朵夫》卷2·第3部

一个美貌的少女是把爱情当作一种残忍的游戏的。她认为人家爱她是挺自然的，可是她只对自己所爱的人负责，她真心地相信：谁爱上她就够幸福了。

《约翰·克利斯朵夫》卷8

不论什么理想,只要接触到现实就会立刻退让。因为那种有传奇性格的少女,一朝看到了一个不甚理想的,但比较切实的真正的人物走进了她的圈子,就极容易把她们的梦想忘掉。

《约翰·克利斯朵夫》卷2·第3部

这少女的年龄,正是一个人用愉快而得意的梦境来麻醉自己的年龄。她时时刻刻想着爱情,那种浓厚的兴趣与好奇心,要不是因为她愚昧无知,简直不能说是无邪的了。并且,她以有教养的闺女身份,只知道用结婚的方式去想象爱情。理想中的对象该是哪种人物,始终还没确定。

《约翰·克利斯朵夫》卷2·第3部

第四节 男 人

一个男子需要清晰的思想——不论是正确的或不正确的——以便给自己的激情贴上标签。

《母与子》中·第3卷

一个男人只晓得通过他自己的享受去认识女人。要真正认识女人,必须忘掉自己。

《母与子》中·第3卷

我们男子并不比妇女强。我们是同一个酒槽里酿出来的酒。在生与死面前,我们以为自己是强者,然而不论生或死,都搞得我们措手不及。我们什么也没有学到。

《母与子》中·第3卷

人家说女人是半个男人，这话是不错的。因为结了婚的男人只剩半个男人了。
《约翰·克利斯朵夫》卷8

一个结婚以后的朋友，无论如何不是从前的朋友了。男人的灵魂现在羼入了一些女人的灵魂。
《约翰·克利斯朵夫》卷8

但愿男子自认为是女人的弟兄而不是她的俘虏或主宰！但愿男人和女人都能排斥骄傲，少想一些自己，多想一些别人！
《约翰·克利斯朵夫》卷8

一个人想求精神上的伟大，必须多感觉，多控制，说话要简洁，思想要含蓄，绝对不铺张，只用一瞥一视，一言半语来表现，不像儿童那样夸大，也不像女人那样流露感情，应当为听了半个字就能领悟的人说话，为男人说话。
《约翰·克利斯朵夫》卷8

男人是把自己一大半交给智慧的，只要有过强烈的感情，决不会在脑海中不留一点儿痕迹，不留一个概念。他可能不再爱，却不能忘了他曾经爱过。
《约翰·克利斯朵夫》卷8

一个伟大的人比别人更近于儿童，更需要拿自己付托给一个女子，把额角安放在她温柔的手掌中，枕在她膝上……

《约翰·克利斯朵夫》卷9·第2部

世界上有些男人，对爱人的感情远过于对儿子的感情。我们不必对这种情形大惊小怪。天性并不是一律的，要把同样的感情的规律加在每个人身上是荒谬的。固然，谁也没权利把自己的责任为了感情而牺牲。但至少得承认一个人可以尽了责任而不觉得幸福。

男子只要有人奉承，使他的骄傲与欲望获得满足，就极容易上当；而富于幻想的艺术家更容易受骗。

《约翰·克利斯朵夫》卷4·第1部

他略一俯身，就可拾到女人们的心。他可不肯俯身，他等着女人们把心送来放在他的手中。

《母与子》上·第1卷

男子的可笑的苛求！他要女人，而等到她很诚恳地献身于他，他差不多把这一过分慷慨的行动看成不贞！……

《母与子》上·第4卷

你们这些男子，你们把最好的一部分留给自己，留给狮王的一份，[1] 给你们笼中的魔怪，给你们的脑子，这贪婪的巨人，给你们的幻想，你们的思想观点，你们的艺术，你们的雄心壮志，你们的行动。[2]

---

[1] 法国谚语：给人，或给自己留起最大最美的一份。典出17世纪法国寓言诗人拉封丹的寓言诗。

[2] 这几句话是说在一个男子心中爱情所占地位比他的事业心要小得多；可是对于一个女子，爱情往往占领她的整个内心世界。

我不责备你们，如果我处在你们的地位，我也会这样干……但是，你们送给我们的这一小部分，必须是纯洁的，可靠的。不要右手给人，左手收回！不要弄虚作假！人家向你们要的是很少的一点。可是这一点，人家一定要。你觉得能够将这一点给她吗？试探一下你腰部的力量吧！试探一下你的心！你要她？你爱她？拿去吧！但是也要让她把你拿住。礼尚往来！学会拿，也要学会保存。学会经得起时间考验。你这个浮云般的灵魂，风一般的精神！

《母与子》中·第 3 卷

有些沉默并不太深，你如果进去，水不会淹到脚跟……但是不论深浅，沉默的水层是不透明的，眼睛永远看不透。于是男人的善于折磨自己的素质，费尽力气给自己铸造一些愈想愈可怕的神秘。

《母与子》上·第 2 卷

他一辈子在孤独中度过，他害怕温情，比敌意更害怕，因为他对温情不习惯，面对温情，他没有别的武器，只有逃跑。

《母与子》下·第 4 卷

男人们是虚弱的。他们不能忍受任何真实情况。

《母与子》上·第 2 卷

一个男子，一个值得我们爱的男子，决不会像他自己的思想观点，他的科学，他的艺术，他的政治那样来爱我们。天真的利己主义，自以为清高，因为它是在思想中体现出来的！思想的利己主义比情感的利己主义更凶残。它碎了多少人的心！……

《母与子》上·第2卷

第五节　男人和女人

一个男人敬爱一个女人时，他永远是她的孩子。

《先驱者·给垂死的安蒂戈尼》

我的精神在寻找新的活动场地，在男女两辈人的对立中（寻找），这两辈人各自达到不同的演变程度……在同一时代的男人们和女人们之间，没有（从来没有）并驾齐驱的情况。女的一辈和同辈男子比较起来，总要前进或落后一个世代①……今天的妇女们在争取独立。② 男子们则在消受他们既得的独立……③

《母与子·订定本导言》

第六节　母　亲

多少做母亲的人，都把不能在夫妇之间或情人之间发泄的热情移在儿子身上，一朝看到儿子对自己居然满不在乎了，不再需要她们了，精神上的痛苦就跟情人的欺骗和爱情的幻灭没有分别。

《约翰·克利斯朵夫》卷10·第3部

---

① 大约30年。
② 指20世纪初期。
③ 1912年的笔记（作者注）。

她创造了我，不仅在我诞生的那一天，而且直到她死的一天都滋养着我内心的生命。

《内心的历程》第3章"家谱"

我在教堂的门槛上。当我进入那灵魂的圣殿而跪下时，心里就洋溢着虔敬、痛苦和爱，因为那是我在人间最亲爱的人的灵魂，她爱我，她为了我受苦，比我所爱的任何人受过更多的苦——我的母亲。当我在半明半暗的教堂窗边，听到昔日的管风琴在低鸣时，就噤声走去，把脸埋在她长衣的皱褶中，于是在她慈爱的怀抱里，开始流露我对她所有的感情。

《内心的历程》第3章"家谱"

毫无疑问，母爱是一种巨大的火焰。

《母与子》上·第2卷

第七节 孩 子

世界上只有一件东西能令人把其余的一切都忘掉：就是一个可爱的小娃娃。

《约翰·克利斯朵夫》卷8

至于孩子们，我们能知道什么呢？他们表现出来的无非是儿戏。真正的工作在他们内心深处进行。教师和家长的眼睛所见到的，只是娇嫩的树皮。你所认识的孩子，只是他们之所以被称为孩子的一面。

你看不见永恒的存在。这种永恒的存在是没有年龄的。它是隐藏在大人或小孩灵魂深处的火种。你无法知道火种是不是会喷射出来。要有信心……耐心……

《母与子》中·第 3 卷

即使在最丑的孩子身上，也有新鲜的东西，无穷的希望。

《母与子》上·第 2 卷

孩子还不会用他的语言组织一句完整的句子，可是他已经有他的秘密思想，他的抽屉由他自己掌握着钥匙。上帝知道他在抽屉里藏些什么！他对于人们的想法，断断续续的议论，杂七杂八的形象、感觉，和玩艺儿似的几个字，字的声音使他觉得好玩，字的意义他还不明白，一种唱歌似的独白，既不连贯，也无头无尾。孩子完全意识到他在隐藏什么东西，也许还不知道他隐藏的正是你想知道的；你越想知道他在想什么，他越调皮捣乱，不让你知道他在想什么。有时他甚至故意使你找错地方；他用和小手一样灵便的小舌头，吞吞吐吐地说几个音节，他已经试着说谎，为的是把别人弄得莫名其妙。他在拿那些想侵入他的"私有地"的人开玩笑，他的乐趣在于对自己和对别人证明他的重要性。这个小家伙刚刚出世就有这种根本性的本能："我的"，不是你的，就有"我有好烟，就不给你"①的本能。他的全部财产仅仅是片段的思想，但他筑起高墙，不让他母亲看见。

《母与子》上·第 2 卷

---

① 法国儿歌。

这小生命中间，有的是过剩的精力，欢乐，与骄傲！多么充沛的元气！他的身心老是在跃动，飞舞回旋，教他喘不过气来。他像一条小壁虎日夜在火焰中跳舞。① 一股永远不倦的热情，对什么都会兴奋的热情。一场狂乱的梦，一道飞涌的泉水，一个无穷的希望，一片笑声，一阕歌，一场永远不醒的沉醉。人生还没有拴住他，他随时躲过了：他在无限的宇宙中游泳。他多幸福！天生他是幸福的！他全心全意地相信幸福，拿出他所有的热情去追求幸福！……

　　可是人生很快会教他屈服的。

《约翰·克利斯朵夫》卷 1·第 1 部

　　在摇篮中做梦的浑噩的生物，自有他迫切的需要，其中有痛苦的，也有欢乐的，虽然这些需要随着昼夜而起灭，但它们整齐的规律，反像是昼夜随着它们而往复。

《约翰·克利斯朵夫》卷 1·第 1 部

　　儿童创造幻觉的奇妙的力量，能随时挡住不愉快的感觉把它改头换面。

《约翰·克利斯朵夫》卷 1·第 3 部

　　父母与子女之间要能彻底的推心置腹，哪怕彼此都十二分的相亲相爱，也极不容易办到：因为一方面，尊敬的心理使孩子不敢把胸臆完全吐露，另一方面，有自恃年长与富有经验那种错误的观念从中作梗，使父母轻视儿童的心情，殊不知他们的心情有时和成人的一样值

---

① 欧洲俗谚谓此种壁虎能在火中跳跃不受灼伤。

得注意，而且差不多永远比成人的更真。

《约翰·克利斯朵夫》卷2·第2部

肉体之爱的可喜的纯洁性。所有的爱都有肉体的成分，但母子之爱是洁净无罪的肉体之爱。活生生的玫瑰花……

《母与子》上·第2卷

"我如愿以偿了！我得到自己了！"有什么比得上这种占有？还要什么爱人？这就是纯粹完全的欢乐！无以复加的欢乐……不错，它不长久……什么都不会长久……但已经有过了。它的光和热永远留在皮下。世界上还有什么比它更坚实？

《搏斗》

所有的教育，所有的见闻，使一个儿童把大量的谎言与愚蠢，和人生主要的真理混在一起吞饱了，所以他若要成为一个健全的人，少年时期的第一件责任就得把宿食呕吐干净。

《约翰·克利斯朵夫》卷4·第1部

第八节 青 年

人类的历史事件在实践中出现以前，经常是在灵魂深处首先宣告的。而标志时代的最灵敏的晴雨表是青年人。

《罗曼·罗兰回忆录》

每一代的人都得有一种美妙的理想让他们疯魔。即使青年中最自私的一批也有一股洋溢的生命力，充沛的元气，不愿意毫无生产；他们想法要把它消耗在一件行动上面，或者——（更谨慎的）——消耗在一宗理论上面。或是搞航空，或是搞革命，或是作肌肉的活动，或是作思想的活动。一个人年轻的时候需要有个幻象，觉得自己参与着人间伟大的活动，在那里革新世界。他的感官会跟着宇宙间所有的气息而震动，觉得那么自由，那么轻松！他还没有家室之累，一无所有，一无所惧。因为一无所有，所以能非常慷慨地舍弃一切。妙的是能爱、能憎，以为空想一番，呐喊几声，就改造了世界，青年人好比那些窥伺待发的狗，常常捕风捉影地狂吠。只要天涯地角出了一桩违反正义的事，他们就疯起来了……

《约翰·克利斯朵夫》卷9·第1部

只要能爱，能舍身就行。青年人元气那么充足，用不着在感情上得到酬报，不怕自己会变得贫弱。

《约翰·克利斯朵夫》卷9·第1部

青年人对于暴风雨时代的艺术和思想都存在着猜忌的敌意。

《约翰·克利斯朵夫》卷10·第3部

青年人总把老年人丢在臭沟里的。

《约翰·克利斯朵夫》卷10·第3部

青年时期拼命的努力，为的要控制自己；顽强的奋斗，为的要跟别人争取自己生存的权利，为的要在种族的妖魔手里救出他的个性。便是胜利以后，还得夙夜警惕，守护他的战利品，同时还不能让胜利冲昏了头脑。

《约翰·克利斯朵夫》卷10·第4部

一个坚强的性格，它的光芒特别能吸引青年，因为青年是只斤斤于感觉而不喜欢行动的。

《约翰·克利斯朵夫》卷5·第2部

年轻人对弱者的苦难是没有怜悯心的。弱者为了生活，只好对生活弄虚作假。

《母与子》中·第3卷

成年人对自然和人生，往往比二十岁的青年有更新鲜的印象，更天真的体验。所以有人说年轻人的心并不年轻，感觉也并不锐敏。那往往是错误的。他们的冷淡并非因为感觉迟钝，而是因为他们的心被热情、野心、欲念，和某些执着的念头淹没了。赶到肉体衰老之后，对人生无所期待的时候，无拘无束的感情才恢复它们的地位，而像小孩子一样的眼泪也会重新流出来。

《约翰·克利斯朵夫》卷6

人的整体概念是由许多人组成的，又按不同的年龄来区分。在年轻的时候，他们马马虎虎地形成了一个无政府状态的团体，每个人都想成为一个国家；在变嗓音的发育时期，他们简直喧嚣一时！互相矛盾的感情和天性，沸腾得简直像一群疯狂的蜜蜂。

《罗曼·罗兰回忆录》

我们不少年轻人，甚至在知道尼采存在之前，就感受到尼采的气氛。某些人认为，伟大的人物创造了他们那个时代的气氛，那就上当了。伟大的人物是能最明确地表达即将诞生的时代的灵魂及其气息的人。而这些气息即使没有我们年长中的某一个人为我们揭示，也在沐浴着我们。

《罗曼·罗兰回忆录》

只认为狂热的青年人就像贪婪而饥饿的幼狼的嗥叫是无济于事的，这些青年希求无度，而他们由于要求得不到满足，宁愿用自己的牙齿撕毁自己。

《罗曼·罗兰回忆录》

青年人看问题几乎老是走极端的。也应该是这样。因为从这种"过分"出发，青年人才不会在看到那么多羊毛挂在路边的树上而听其自然。到了二十岁，青年人开始分寸，三十岁以前，棱角都磨光了；之后，因循守旧，八面玲珑，成了四处可转的瞭望塔。

《罗曼·罗兰回忆录》

我听任知识分子的易于感动的性情发展，它从两个相反的方面表现出来，他们之间的对立对我说是一种自卫：这一种把我从另一种中拯救出来，两者形成天平的两端，就像许多二十岁的青年人那样，我带着它在钢丝上走路。

两者中最恼人和最棘手的，是一种使我受害非浅的思维的神秘主义。我一想到这就无法不反感。它使我迷惑。我日夜所作的努力是为了使大脑恢复正常和平静，结果却把自己粘在蜘蛛网上了。

《罗曼·罗兰回忆录》

那些很年轻的人（于里安由于缺乏经验，也还是个年轻人），在判断事物时总是匆匆忙忙下结论的。由于他们满脑袋都是他们自己和他们的欲望,他们在别人身上所寻求的,只是他们所要的东西。

《母与子》上·第 2 卷

年轻人之不近人情,是很自然的现象。

《搏斗》

第二章　关于"我"

当我此刻回顾遥远的昔日时，首先使我惊异的是那庞大的"自我"。……一个人只有在生活中碰壁之后才能理解它究竟有多大。

《内心的历程·鼠笼》

世界就是这样。我就是我的样子。世界应当努力忍受我。我吗，我完全能忍受世界！

《母与子》中·第4卷

我愿为自己创造另一个生命，而不想压抑所有的生命。我要梦想给予我现实生活确切的幻觉，为了这一目的就必须体现这梦想。假如我不感到自己在参与优秀的艺术生活，假如我不写作——我就不会感到幸福。

《罗兰与梅森葆的通信》1890年9月30日

我的心像空气一样轻飘而自由。

《内心的历程》第3章"家谱"

我有一颗倔强的灵魂，外界的环境无论好坏，都不大能影响我的倔强。

《罗兰与梅森葆的通信》1891年正月初

我产生我的思想和行动,作为我身体的果实……永远把血肉赋予文字……这是我的葡萄汁,正如收获葡萄的工人在大桶中用脚踩出的一样。

《内心的历程·箭手》

虽然我对内心感到的力量假装不知道,其实它是属于我自己的。我要什么,就一定要。

《罗兰与梅森葆的通信》1891年正月初

我愈逃避人群就愈能找到我真正的生命;愈跟别人在一起就愈感到孤单。

《罗兰与梅森葆的通信》1891年1月4日

当我既不能爱又不能嘲笑时,我实在不快活。

《罗兰与梅森葆的通信》1890年7月2日

我一向不幸的是只能独自欢乐;这是一种真正的非常可悲的痛苦。而我现在却能通过那些伟大而亲爱的朋友们,巴赫、莫扎特和别人的乐声把我感到和想到的一切告诉你了(我自己的声音是脆弱的,还不敢下决心独自诉说),那么,请想象我的喜悦吧。

《罗兰与梅森葆的通信》1890年3月14日

我不是万物。我是征服虚无的生命。我不是虚无。我是在黑夜中烧毁虚无的火。我不是黑夜。我是永久的战斗。我是永远在奋斗的自由意志。跟我一同战斗,一同燃烧罢。

《约翰·克利斯朵夫》卷9·第2部

我属于一种精神族类，在未来的秩序中，这种族类没有地位。它对于未来和对于过去，都毫无幻想。我理解一切，可是我对什么也不相信。理解得太多，就在我身上消灭了行动的兴趣。

《母与子》中·第3卷

我的天性喜欢抓紧眼前的现实而生活。你能够了解：要我等待未来是多么痛苦的拘束。

《罗兰与梅森葆的通信》1890年11月16日

别人身上有的一切，我身上都有。以前我隐藏着，现在我暴露自己。以前的我不过是现在的我的影子。直至今日，我生活在白日梦中，可是现实却存在于我的被压抑的梦中。现实在我面前！世界在战争中。

《母与子》中·第3卷

假如我要完成一项确定的任务，建立一种信仰，达到一个唯一的目标，那也许应当赶紧。但我决不会只想到创造艺术品的。在目前，我甚至根本不会想到这点，我只想到生活，以及在艺术的梦想中实现我希望经历的千万种生活，因为它们使我感到兴趣，而我自己的生活使我厌倦。

《罗兰与梅森葆的通信》1890年12月23日

我究竟是幸福还是不幸？我究竟是被爱情俘虏了，还是一时的儿戏？今天如果我所希望的什么也没得到，那么过去我是否得到过？如果我有什么愿望的话，我希望的到底是什么？是"诗情"还是"真理"？它是真的吗？它是假的吗？一点假的都没有，一切都是真诚的，哪怕是一时的儿戏！……可是儿戏何时始？何时终？什么是生活？什么是小说？年轻人最真实的东西是把心儿奉献给感情的喜剧——悲剧。思想也扮演了各种不同和不连贯的角色，最后还是导演——我们的命运，它还在沉睡——为我们作了选择。

《罗曼·罗兰回忆录》

我明白，我能创造，我是自由的。一切属于我，包括我的那些锁链。我是我自己的各种痛苦的主人。

《罗曼·罗兰回忆录》

一个丰富的天性，如果不拿自己来喂养饥肠辘辘的别人，自己也就要枯萎了……"贡献我自己……"

《母与子》上·第2卷

亲爱的朋友，不要说创作是最大的幸福。对我来说，这是最大的需要。

《罗兰与梅森葆的通信》1891年2月18—19日

我属于，我永远属于音乐。可是从事音乐已经为时太晚，我被别的行业缚住了：我现在需要用文字表达自我，表达音乐。将其构思和表现的技巧印入我的身心已为时太晚。

《罗曼·罗兰回忆录》

我把自己的精神献给别人太多了，献给了所有国家和所有时代的亲爱的艺术家。

《罗兰与梅森葆的通信》1891年7月31日

我的艺术理想始终是靠近莫扎特而离贝多芬较远的。

《罗兰与梅森葆的通信》1890年12月23日

我在艺术的镜子中看到这世界时，它显得很有意味，使我快活，可是当我在地面上行走而直接观察时，那就不同了。当我向下瞰望时，我爱所有这些扮演喜怒哀乐的角色的芸芸众生；但在这里，当我也是一个演员时，我也常失却镇静，我狂热地爱，又狂热地恨。我想用淡漠的外表隐藏爱与憎。

《罗兰与梅森葆的通信》1890年9月30日

郁结在我心头的痛苦是我自己的，它们被传达给别人时，披上了外界力量的外衣而摧毁我。

《罗兰与梅森葆的通信》1890年12月23日

我的灵魂是一座山，我熟悉它所有的小径。这些小径有不同的起点；有些弯弯曲曲的小径在靠近清溪的阴影下终止；另一些荒芜的小径顽强地升向太阳；它们通往顶峰下的上帝那里。爱之路，恨之路，意志和弃绝之路，诚心和不诚心之路——所有的路都在上帝那里告终；我告诉别人这些路，目的是希望每个人都能选择他自己的路。

《罗曼·罗兰回忆录》

和我一样渴望了解世界，了解人，了解自己和别人，并且渴望交流他们的体会。

《罗曼·罗兰回忆录》

假如我能做现在想做的一切,那我的欲望会更大;我会满足,却不会感到幸福。只有当我不在思索的时候,当我内心没有一点自己的生命而只反映别人和外在的世界时——当我化为清新的空气和纯净的阳光——在橄榄树交织的枝丫中和希腊古庙的断柱间流泻时,在可爱而亲切的天宇下照耀时,在和谐地喁喁细语的海波上闪光时,那时我才感到幸福,真正的幸福。我能超脱自己的时候就感到幸福,因为我永远不能感到彻底的幸福。可是没关系,幸福是次要的问题,主要的是我必须生存。

《罗兰与梅森葆的通信》1891年2月18—19日

我是睡着了就不容易醒的人,一点都不急于离开梦境。

《罗曼·罗兰回忆录》

呵,夜晚!呵,梦想!……在这些梦一般的降福的月份中,我把自己奉献给上帝!最美丽的梦并非闭着眼睛的梦。我越是睁着眼睛,我越是在梦想。我一点都没有睡意。

《罗曼·罗兰回忆录》

当我昏昏欲睡时,一种突如其来的内心刺痛会使我惊醒。

《罗曼·罗兰回忆录》

我正在做着梦。……天上的眼睛吸引着我的灵魂。我觉得自己荡漾起来,超越了时间的界限。忽然间,我的眼睛睁大了,远远地望见了我的祖国,我的预见和我自己。生平第一次,我意识到我自由自在的、赤裸裸的存在。那里有一道"灵光"。在我迷惘无知时,也曾有过这样的一刹那。我向某些人谈及一二。它射出的光芒是静静的,令人心醉神迷。它照亮了冥想的领域。……它使得创造性从大地中迸发出来。它为我展现了"希望之乡"的前景——我后来要做的一切——我已经做的一切，它对我说："前进！"在这一瞬间，我眼前发亮，我可能描绘不出它的特点，不过，在我人生的旅途中，我不止一次地得到过这样的启示！

《罗曼·罗兰回忆录》

我身上的另一个我一直没有停止过追求对上帝的幻想而疏忽于行动，在流水潺潺的溪畔温柔地睡眠！

《罗曼·罗兰回忆录》

"命运"苏醒了……有趣的是，在我内心的琴键上，在我同我自己的对话中，我谈了我所见和所做的一切，谈到我所扮演的一个角色，谈到世界，爱情和大自然，除了"命运"，我什么都谈到了……"我看不见它！……"

《罗曼·罗兰回忆录》

我像一团浓云，弥漫着情热的电流，发泄着闪烁的电光。去掉情热，只会剩下一片缥缈的幻影、一个倏忽的生命，既不坚实，也不真实。

《罗兰与梅森葆的通信》1890年12月23日

我镇定下来，客观地考虑我自己究竟是怎样一个人；我回想起那年轻的死者，我觉得已摆脱了它的幻觉。我看到这个"自我"，完全相信它的独立性，但思想上的阶级性和时代的狂热感我也是有的。那可怜的小伙子的理想主义和狂热，我以为是属于一种社会的弊病。今天，我完全觉察到这个社会给我们那一代青年人带来的不正常的现实所产生的病态结果。

《罗曼·罗兰回忆录》

从我待在隧道里的那一天起，我就一直浮着那同样的微笑，走在人生之路上，不止一次地在无尽的黑夜里穿过险阻重重的地道，跟一群伙伴们躺在一起。我能感到他们的汗水和他们肉体的颤动，同样的，我的肉体也在颤动，因为充满了七情六欲；欲念、憎恶、痛苦、愤怒和恐惧。——然而我是那"洒遍月光的田野和森林"，那冲入九霄的云雀，向着和平飞去……

《内心的历程·三次启示》

我这儿也变成了一片沙漠，因为我所爱的一切已经远离了。一切的一切，除了永恒的大自然、它所孕育的艺术，以及我们内心的神。在它们中间时，孤独的辛酸（不是孤独本身）消失了。

《罗兰与梅森葆的通信》1890年6月25日

跟别人交往后，我才理解到我一直生存着，而且我决定要生存下去。从那时起，我时时刻刻都在努力使我的自我充分发扬。我已经向自己保证要体现我所有的禀赋，我将这么做，只要我活着。

《罗兰与梅森葆的通信》1890年5月29日

无意中支持我的，是一种炽热的生命力，希望使内心世界得以实现的生命力。我活着只是为了创造我的生命——创造生命，这种生命在我周围是无法发现的——我也不能如我所希望的那样，即使在最伟大的人身上，在我最喜爱的艺术家身上，创造我的生命……如果不能创造，我必然灭亡。对于我来说，艺术创作并不是一种职业，或是一种享受。这是一种或者生或者死的需要。

《罗曼·罗兰回忆录》

因此，问题并不在于消灭自我，而在于把深沉、友爱的人类从他们的个性中解放出来，成为另外的自我，在于切断他们的生活的面包。一切伟大的艺术是一幅"最后的晚餐"。

《罗曼·罗兰回忆录》

每个存在的本质其形式是那样的不同，不仅有外表的，还有内在的。

《罗曼·罗兰回忆录》

我以一种不可征服的力量看出，我以目光和手指接触到：我真正的"存在"。这种存在超越了地点也超越了时间，它过去一直是有的，将来也永远会有，或者说，它既无所谓"过去"，又无所谓"将来"，因为它就是"存在"，而且它值得存在。

这种感情培养了我生命的平静力量。它唤起了我的一些愿望。正因为这种感情有时使我希望达到我生命的终点，因为在到达终点之时，人们才能更好地享受走过的道路的乐趣。

《罗曼·罗兰回忆录》

不属于自己的东西——我的自由灵魂，怎么能给别人呢？我的自由灵魂不属于我自己。我倒是属于我的自由灵魂。我不能支配我的灵魂……保全自己的自由，这不但是一种权利，而且更是一种宗教性的义务。

《母与子》上·第1卷

如果这个小小的自我等于零，没有一个自我不是零。如果我所爱的等于零，我在爱，我也是零。因为我之所以为我，只是由我所爱的一切决定的……一切呼吸着的东西的非真实性，一下子就明显了。大家都意识到这一点，但是方式各有不同，各人有不同的官能——本能或智慧，面对面，视线直射，或躲躲闪闪，扭着头，眨着眼睛。

《母与子》上·第2卷

如果我有些着急，想催自己在艺术中成名（我对这点并不担心），那我真愿终生这样痛苦。

《罗兰与梅森葆的通信》1890年12月23日

在期待中必须战斗。我作为作家的武器是，也应该是，如我在一篇文章中所说的"行动的艺术"。

《罗曼·罗兰回忆录》

不言而喻，我正在悄悄地酝酿我的梦想和创作。我在那里保留了我最美好的自我。在那里我是独自一人。

《罗曼·罗兰回忆录》

在我生命的最初历程中，音乐占有了我。它是我最初的爱，也可能是我最后的爱。我像女人爱孩子那样爱它，在我懂得一个女人的爱情之前。

《罗曼·罗兰回忆录》

我读优美的诗歌时能感到喜悦或敬佩，但我从未感到要跃入它的源泉，我似乎觉得在每个珍贵的性灵中，在大自然发掘不尽的灵魂中都有如此丰富的诗意，实在没有理由再到书中去追求了。不，我需要的不是诗，而是生活。我的整个心灵一向属于那些掀起人类汹涌澎湃的热情的人；属于莎士比亚，属于瓦格纳，尤其是莎士比亚，他的心灵溶化在他创造的宇宙中了。

《罗兰与梅森葆的通信》1890年11月16日

用你的全副心思独自作战，决不要让知心朋友介入！即使是最聪明的人……在你神思恍惚时，他们很难和你合拍。

《罗曼·罗兰回忆录》

只有死亡才能"脱去"个性。

《罗曼·罗兰回忆录》

我像一座山，堆积着怯弱与强力，使我眩晕的袭击，消蚀我力量的令人迷醉的魔力，以及欲念、憎恶、狂热、肉体与心灵的衰颓。对于我来说，一切是深渊——爱，引起我神圣的恐惧，她那浓烈的气息从炙热的墙上和人行道上反射过来，劈面刮到我脸上。对于我来说，一切是深渊——思想，我在其中再也找不到外省的小径，在单调的田野和盛开的花篱间，缓慢而明晰地向前蜿蜒的小径。

《内心的历程》

第三章　关于"生命"

第一节　生　命

　　生命是一张弓,那弓弦是梦想。箭手在何处呢?

　　我见过一些俊美的弓,用坚韧的木料制成,了无节痕,谐和秀逸如神之眉,但仍无用。

　　我见过一些行将震颤的弦线,在寂静中战栗着,仿佛从动荡的内脏中抽出的肠线。它们绷紧着,即将奏鸣了……它们想射出银矢——那音符——在空气的湖面上拂起涟漪,可是它们在等待什么?终于松弛了。永远没有人能听到乐声了。

《内心的历程》

　　一切生命的意义就在于此——在于创造的刺激。

《内心的历程》

　　生命的第一个行动是创造的行动。

《内心的历程》

　　生存是整个的善,整个的幸福,至强的,万有的生命:"生"即是神。

《托尔斯泰传》

"否"和"是"一样，是对生命的肯定。只有虚伪才是死亡。

《内心的历程》第3章

谁活得长，谁就笑在后头。

《母与子》上·第1卷

对来生不抱希望的人，从此刻起，他已死去。

《罗曼·罗兰回忆录》

噢，幻想的力量，能创造生命的幻想，真应该祝福你啊！生命……什么是生命？它并不是像冷酷的理智和我们的肉眼所见到的那个模样，而是我们幻想中的那个模样。生命的节奏是爱。

《约翰·克利斯朵夫》卷8

一个人越是生活，越是创造，越是有所爱，越是失掉他的所爱，他便越来越逃出了死神的掌握。

《约翰·克利斯朵夫》卷10·第3部

生命本身是最主要的德性。一个人缺乏了生机，即使他有一切其他的德性，也不能称为有道之士，因为他不是一个完全的人。

《约翰·克利斯朵夫》卷10·第4部

生命应该停在儿女的门槛上。当它，像你那般，依然充满蜜汁的时候，窒息它是罪过的。

《搏斗》

前进中的生命全都踏着骨头前行。只有在前一社会的废墟上才能够建立真正的新社会。而且废墟不是石头，而是有血肉的躯体。

《搏斗》

弓弦是完好的；可是射者却丧失了信心。纵使生命的源泉重新充沛，他们也不能忘却在那枯竭的辰光，他们曾经怎样互相看待。

《搏斗》

也许一切前程远大的人，觉得自己血管里跳动着一种深远的生命，于是让这种生命积累起来，并不忙着去计算盈亏。

《母与子》上·第1卷

谁要能看透孩子的生命，就能看到湮埋在阴影中的世界，看到正在组织中的星云，正在酝酿的宇宙。儿童的生命是无限的。它是一切……

《约翰·克利斯朵夫》卷1·第1部

找到自己的倾向，这是幸福。生命没有别的目标。至于其余的，至于目的，河水负责把我们送到那儿。我们只能和河水融为一体，把自己和活着的人们结合起来。什么都不要停滞！生命在迈步……向前进！即使在死亡中，波浪在推送我们。

《母与子》下·第4卷

时间来到，生命走向终点，这时，一道道的亮光中，种种极端完全成了一致：令人头昏目眩的活动和一动不动的静止成了一回事。生命的圆弧结束了。分离的两端又衔接起来。于是永恒之蛇自己咬住了尾巴。既然已经没有开始与结尾，人再不知道什么是未来，什么是过去。我们将要生活的，我们已经生活过了。

当这一时刻一来临，收拾行李已迫不及待了。

《母与子》下·第4卷

每个人都要轮到去登上千古长存的受难的高岗。每个人都要遇到千古不灭的痛苦，抱着没有希望的希望。每个人都要追随着抗拒过死，否认过死，而终于不得不死的人。

《约翰·克利斯朵夫》卷3·第2部

精神上充满着死气而肉体充满着生气，他只能很悲哀的听凭那再生的精力，和生活的盲目的狂欢把他摆布；痛苦，怜悯，绝望，无可补救的损失的创伤，一切关于死的苦闷，对于强者无异是猛烈的鞭挞，把求生的力量刺激得更活泼了。

《约翰·克利斯朵夫》卷3·第2部

过去他喜欢用来压制自己的刻苦精神：道德，责任，如今都显得空洞了。它们那种专制的淫威，一碰到人类的天性就给砸得粉碎，唯有健全的、强壮的、自由的天性，才是独一无二的德性，其余的都是废话！那些繁缛琐碎，谨慎小心的规则。一般人称之为道德而以为能拘囚生命的：真是太可怜了！这样的东西也配称为牢笼吗？在生命的威力之下，什么都给推翻了……

《约翰·克利斯朵夫》卷3·第1部

我们每一缕的思想,只代表我们生命中的一个时期。倘使活着不是为了纠正我们的错误,克服我们的偏见,扩大我们的思想与心胸,那么活着有什么用?

《约翰·克利斯朵夫》卷4·初版序

世界上一切的痛苦,竭力要摧毁一切的痛苦,碰到生命那个中流砥柱就粉碎了。

《约翰·克利斯朵夫》卷5·第1部

你们看到一个人,会问他是一部小说或一首诗吗?我就是创造了一个人。一个人的生命决不能受一种文学形式的限制。它有它本身的规则。每个生命的方式是自然界一种力的方式。有些人的生命像沉静的湖,有些像白云飘荡的一望无际的天空,有些像丰腴富饶的平原,有些像断断续续的山峰。

《约翰·克利斯朵夫》卷7·初版序

疲倦的灵魂不能直接接触生命,只能接受被过去的帘幕掩蔽的,或是出诸前人之口的生命。

《约翰·克利斯朵夫》卷7·第2部

敌人只有一个,便是贪图享乐的自私自利,是它把生命的泉源吸干了,搅浑了。

《约翰·克利斯朵夫》卷7·第2部

多少无人知道的,连最亲密的人也不知道的悲剧,藏在表面上最恬静最平庸的生命中间！最悲壮的是——这些满怀希望而一无所遇的生命，尽管声嘶力竭地要求他们应得的权利，要求自然所答应而又拒绝他们的东西，尽管熬着热情的悲痛，但表面上什么都不显露出来！

《约翰·克利斯朵夫》卷8

一个人必须征服，征服而且鄙视——否定这个生命而肯定那个——人必须使自己向上帝升华，犹如露水为阳光蒸发；人必须生活在神明中，而创造，一如神的作为。

《罗兰与梅森葆的通信》1890年9月28日

死亡临头时，永恒的思想自然会吸引我们。但现在，只要我们看到光明一天，我们就该生活一天。

《罗兰与梅森葆的通信》1891年6月1日

我想把自己生命中的神秘多少阐明些。我想把它的意义显示给别人和我自己。如今我已经达到这样的境界，这时一切冲动的欲念都消沉了，一切希望都幻灭了；我终于能用清明的幻觉和轻快的心情回顾一生中走过的道路。

《内心的历程》

让生命自己诉说吧！无论我在倾听它或复述它所说的一切时多么不恰当，我仍然要试着记录它的言语，即使它们跟我最隐秘的欲望发生矛盾。

《内心的历程》

把生命停止在孩子们的门口，我认为这是不公道的。当生命还充满活力,像你的生命一样,把这生命闷死,这是罪行。我的行径就是个杀人犯。

《母与子》下·第4卷

第二节 人 生

人生第一应尽的责任是要让人家觉得生活可爱。

《约翰·克利斯朵夫》卷3·第2部

人生第一要尽本分。

《约翰·克利斯朵夫》卷1·第1部

在人生中,各有各的角色。

《约翰·克利斯朵夫》卷10·第1部

当我们到达终点时,再请你们评判我们的努力到底有多大价值。

《母与子》初版序

人们总是把一生中发生的事写成故事。其实不然。真正的生活是内心生活。

《母与子·订定本导言》

一个真挚、漫长、富于悲欢苦乐的生命的内心故事,这生命并非没有矛盾,而且错误不少,它虽然达不到高不可攀的真理,却一贯致力于达到精神上的和谐,而这和谐,就是我们的至高无上的真理。

《母与子·订定本导言》

如果说一切都是过目烟云，都是魔法迷人，却还剩下那本质的力量，梦与幻想的能力，生命力——也就是那"伟大的魔法师"。

《母与子·订定本导言》

没有意义的人生等于提前死亡。

《罗曼·罗兰回忆录》

庸庸碌碌、心安理得地过下去是不道德的。而自动从战斗中退缩的人则是一个懦夫。但愿他像罪人对自己那样，受到命运的惩罚——那是最大的罪恶。

《罗曼·罗兰回忆录》

如果人生真是一场梦，我不过是这个梦网中的蜘蛛。

《罗曼·罗兰回忆录》

我能做到的而没有做到，那将是不幸的（将是罪过）。剩下就是老天爷的事了。

《罗曼·罗兰回忆录》

人生，人生的本义：在我极度虚弱的时候，在我能意识到并躲开它之前，阴暗和神秘的魔鬼便支持着我。

《罗曼·罗兰回忆录》

一个人对人生毫无认识的时候，又怎么能真诚呢？

《约翰·克利斯朵夫》卷4·第1部

人生有一个时期应当敢不公平，敢把跟着别人佩服的敬重的东西——不管是真理是谎言——一概摒弃，敢把没有经过自己认为是真理的东西统统否认。

《约翰·克利斯朵夫》卷4·第1部

人生是一场赌博，唯有聪明人才能赢；所以第一要看清敌人的牌而不能泄露自己的牌。

《约翰·克利斯朵夫》卷4·第1部

人生有个最低限度的幸福可以希冀，但谁也没权利存什么奢望：你想多要一点幸福，就得由你自个儿去创造，可不能向人家要求。

《约翰·克利斯朵夫》卷4·第2部

许多人在人生之路上失去了光明。

《内心的历程》

我的一生是一片梦。我梦想着我的爱，我的行动和我的思想。

《内心的历程》

腐化的青春会把它荒唐的传奇刻在灵魂上，直到生命的末日。

《罗兰与梅森葆的通信》1890年8月7日

一个人渐渐地离开人生的时候，一切都显得明白了，好比离开一幅美丽的画的时候，凡是近处看来是互相冲突的色彩都化成了一片和谐。

《约翰·克利斯朵夫》卷10·第4部

我们的脚步将印在哪一条路上？丝毫不需要匆忙地选择。精神迟延不决，一边在欢笑着，而它选择了所有的路。

《母与子》上·第1卷

人生应当做点错事。做错事，就是长见识。

《母与子》上·第2卷

生命像一粒种子，藏在生活的深处，在黑土层和人类胶泥的混合物中，在那里，多少世代都留下他们的残骸。一个伟大的人生，任务就在于把生命从泥土中分离开。这样的生育需要整整一辈子。往往死亡就是接生婆。

《母与子》上·第2卷

人们总是写一个人毕生经历的故事。人们以为通过经历的种种事实，就可以看见生命。这不过是生命的外表。生命是在内部的。人生经历对生命的影响，只发生在生命选择了它们的情况下，几乎可以说：产生了它们。在许多情况下，这是确实的真理。每个月总有几十件事在我们身边经过，它们对于我们无关紧要，因为我们不知道拿它们作什么用。可是，这些事件中之一件触动了我们，十之八九是我们主动上前迎接它，使它少走一半路。如果说这件事冲击我们，使我们身上的一条弹簧发动起来，那么这根弹簧是事先卷紧了的，它早就在等待外力来触动它。

《母与子》上·第2卷

当人走到路的尽头，好处就在可以重新从头到尾走一遍。这样，人就什么都认识，什么都可以享受。在刚刚开始的时候，这都是办不到的。

《母与子》下·第 4 卷

人生往往有些决定终身的时间，好似电灯在都市的夜里突然亮起来一样，永恒的火焰在昏黑的灵魂中燃着了。只要一颗灵魂中跳出一点火星，就能把灵火带给那个期待着的灵魂。

《约翰·克利斯朵夫》卷 9·第 1 部

人的眼睛已经想不起阳光是怎么回事了。要在自己心中重新找到阳光的热力，你先得使周围变成漆黑，闭着眼睛，往下走到矿穴里，走到梦中的地道里。在那儿，你才能看到往日的太阳。

《约翰·克利斯朵夫》卷 10·第 1 部

一个人唯有经过了患难才能对艺术——好似对其他的事情一样——有真切的认识。患难是试金石。唯有那个时候，你才能认出谁是经历百世而不朽的，比死更强的人。经得起这个考验的真是太少了。某些被我们看中的灵魂——所爱的艺术家，一生的朋友——往往出乎我们意外的庸俗。谁能够不被洪涛淹没呢？一朝被患难接触到了，人世的美就显得非常空洞了。

《约翰·克利斯朵夫》卷 9·第 2 部

大半的人在二十岁或三十岁上就死了：一过这个年龄，他们只变了自己的影子，以后的生命不过是用来模仿自己，把以前真正有人味儿的时代所说的，所做的，所想的，所喜欢的，一天天的重复，而且重复的方式越来越机械，越来越脱腔走板。

《约翰·克利斯朵夫》卷 3·第 1 部

一个人在人生中更换躯壳的时候，同时也换了一颗心；而这种蜕变并非老是一天一天的，慢慢儿来的。往往在几小时的剧变中，一切都一下子更新了，老的躯壳脱下来了。在那些苦闷的时间，一个人自以为一切都完了，殊不知一切还都要开始呢。一个生命死了，另外一个已经诞生了。

《约翰·克利斯朵夫》卷3·第1部

如果从死者的灵魂里没有得到再生的财富，那么历史有什么价值呢？那往昔留下来的珍贵遗物是多么可怜哟！整个生命都逝去了，若干世纪以来的秘密从我们身边悄悄地溜走……

《罗曼·罗兰回忆录》

如果人们仅仅是通过他们所写的东西的表面现象来了解活人，人们能很好地掌握今日生活的秘密吗？

《罗曼·罗兰回忆录》

别用暴力去挤逼人生。先过了今天再说。对每一天都得抱着虔诚的态度。得爱它，尊敬它，尤其不能污辱它，妨害它的发荣滋长。便是像今天这样灰暗愁闷的日子，你也得爱。你不用焦心。

《约翰·克利斯朵夫》卷3·第3部

现在是冬天，一切都睡着。将来大地会醒过来的。你只要跟大地一样，像它那样的有耐性就是了。你得虔诚，你得等待。如果你是好的，一切都会顺当的。如果你不行，如果你是弱者，如果你不成功，你还是应当快乐。因为那表示你不能再进一步。干吗你要抱更多的希望呢？干吗为了你做不到的事悲伤呢？一个人应当做他能做的事。

《约翰·克利斯朵夫》卷3·第3部

这梦还没有做完呢，没有它，我就不能生活。但为了继续做下去，我得闭上眼睛，只能在内心再睁开。

《罗兰与梅森葆的通信》1890年7月7日

为了生活，为了死亡，心中不可能没有幻想。

《母与子》中·第3卷

经常表达人间的"和协"，神圣的"和协"，数不清的多种形式之下的"和协"。这是艺术的首要目标，也是科学的首要目标。

《罗曼·罗兰回忆录》

人们只有在经过一生的行程，抛开了自私的企图，才能圆满而协调地实现。因为，在宇宙的大天地里，人们也可以发挥作用，耗尽其生命；这包含着希望、憧憬、肯定和否定、局限和偏见等沉重的义务。人们无权废弃它，否定它，消灭它，以便先期回到"个体"的内心，扑灭其一线光芒。如果他放弃了一切的话，"个体"将会变成什么呢？"个体"从一切意义上得到确认并发出强烈的光芒。和谐在无限复杂的生活中得以实现。舍弃一切的生活又使之贫乏。

《罗曼·罗兰回忆录》

面对日常的义务，生活像一个流浪汉似的。它在屏风的裂缝中窥视，以求逃避。

《罗曼·罗兰回忆录》

一个生灵的房屋，这就得占一席之地，就像如今他们那些人所说的，占据生存的空间的一隅。没有一个活生生的人不反对那些否定他的存在或似乎要否定他的人。因为他总有其固有的原则，一种新颖的素质。顷刻间，决斗就像在森林里，在一群人和另一群人之间进行，（在《燃烧的荆棘》中，关于约翰·克利斯朵夫的"侏罗纪"问题，枞树和山毛榉之间展开了殊死的斗争……）非此即彼，其中之一必须让出地盘。

《罗曼·罗兰回忆录》

如果人们不愿意被捆住手脚，在疯狂面前投降，人们又能做什么，又能考虑什么呢？一旦危机爆发，就不是哪一个人能控制得住的了。那是一种本能的痉挛。它只有在衰竭时才会止息。

《罗曼·罗兰回忆录》

人与人的生活整个儿是误会，而误会的来源是语言……你以为你的思想能够跟别人的沟通吗？其实所谓关系只有语言之间的关系。你自己说话，同时听人家说话，但没有一个字在两张不同的嘴里会有同样的意义。更可悲的是没有一个字的意义在人生中是完全的。语言超出了我们所经历的现实。你嘴里说爱与憎……其实压根儿就没有爱，没有憎，没有朋友，没有敌人，没有信仰，没有热情，没有善，没有恶。所有的只是这些光明的冰冷的反光，因为这些光明是从熄灭了几百年的太阳中来的。朋友吗？许多人都自居这个名义，事实上却是可怜透了！他们的友谊是什么东西？在一般人的心目中，友谊是什么东西？一个自命为人家的朋友的人，一生中有过几分钟淡淡的想念他的朋友的？他为朋友牺牲了什么？且不说他的必需品，单是他多余的东西，多余的时间，自己的苦闷，为朋友牺牲了没有？

《约翰·克利斯朵夫》卷9·第2部

每个人的生活经验都得由自己去体会的。

《约翰·克利斯朵夫》卷5·第1部

在暴风雨中飞翔的鸟儿，不是它们在制造风暴。而是风暴在孕育它们。暴风雨是鸟儿的正常气候。

《母与子》下·第4卷

岁月流逝……人生的大河中开始浮起回忆的岛屿。先是一些若有若无的小岛，仅仅在水面上探出头来的岩石。在它们周围，波平浪静，一片汪洋的水在晨光熹微中展布开去。随后又是些新的小岛在阳光中闪耀。

《约翰·克利斯朵夫》卷1·第1部

第三节 人 类

生存物在完成着自己生长的同时，也在完成着自己的消灭。人类努力的目的是：零……

《母与子》中·第3卷

人类仿佛一阕交响乐，由伟大的集体灵魂所谱成；要是谁只能破坏了这种元素的一部分才欣赏并热爱它，那他就证明自己是一个野人，而且显出他对和声的观念并不比华沙人对秩序的观念更好些。①

《超越混战》

人类的进步一直是绵延几世纪的进化。"进步"很容易筋疲力尽,一次又一次地松弛,懈怠,碰到阻碍就停顿,或像一头懒骡那样躺倒在地上。

《先驱者》

人类成长了,可是并没有成熟。它还陷在启蒙时代的网罗中,它最大的缺陷是不愿追求新生的那种惰性。然而,人类必须追求新生和成长。

《先驱者》

人类的特点就在于他有种奇妙的禀赋,能够寻求真理,看见真理,爱真理,为真理而牺牲自己。——凡是掌握真理的人,都能分享到真理的健康的气息!……

《约翰·克利斯朵夫》卷10·第1部

人类的精神会把它本身所具备的秩序与光明,照在纷争不已的世界上。

《约翰·克利斯朵夫》卷10·第4部

---

① 18世纪时封建贵族控制的波兰国会混乱不堪,任何人都可以否决一项议案,称为自由否决权(Liberum veto)。

人类的天性是不在乎矛盾的。

《约翰·克利斯朵夫》卷10·第4部

上一代跟下一代对于彼此格格不入的成分,永远比对于彼此接近的成分感觉得更清楚;他们都需要肯定自己的生命,即使要用不公平的行为或扯谎做代价也在所不惜。但这种感觉的强弱是看时代而定的。在古典时代,因为文化的各种力量在某一个时期内得到了平衡——好比由陡峭的山坡围绕着的一块高地——所以在上一代和下一代之间,水准并不相差太大。可是在一个复兴的时期或颓废的时期,那些或是往上攀登或是往陡峭的山坡冲下去的青年,往往把前人丢得很远。

《约翰·克利斯朵夫》卷10·第3部

人类社会是一小群比较坚强而伟大的分子建筑起来的。他们的责任是不让狼心狗肺的坏蛋毁坏他们惨淡经营的事业。

《约翰·克利斯朵夫》卷7·第2部

一个人自以为是自由的,是自己思想的主宰;不料你忽然觉得不由自主地被什么东西拖着。你心中有个暧昧的意志要违反你的意志。你这才发现有个陌生的主宰,有一种无形的力统治着人类。

《约翰·克利斯朵夫》卷7·第2部

世界上有两种人(正如法国人谈论贵官时所说):"坐着的"人类和"站着的"人类。

《搏斗》

"天啊!人类多重!"

不错，它便是各各答①的十字架。"人神"的跌倒，正是因为它的重压，而不是因为悲惨的木头十字架的重压。

《搏斗》

人类的天性已经习惯了，适应了新的条件。千万年来，当分娩的大地在抽搐时，人类的卑鄙与奇妙的可塑性，使人像一条虫子一样，从生命的隙缝中滑过去，至于那些不善于否定自己，屈就环境的族类，只好被淘汰了。

《母与子》中·第3卷

我们大家在"生产"坏事，像苹果树生长出苹果一样。不过，我们树上的这个果实，要我们自己来吃，不要把它给别人！

《母与子》中·第3卷

世界是一只关猴子的大笼子。人们是出生在这笼子里的，他们无法逃跑。

《母与子》中·第4卷

人类史上毕竟不乏令人叹赏的事迹，伟大的思想努力虽然表面上是归于消灭了，但它的元素毫未丧失，而种种回响与反应的推移形成了一条长流不尽的潮流，灌溉土地使其肥沃。

《托尔斯泰传》

人类智慧的十分之九不愿意停留在空虚状态中。空虚使人着慌。

---

① 各各答为耶稣的死地。

的确是如此，人的本性厌恶空虚。人不能忍受"我一无所知……"必须有所知，否则不如死。

《母与子》中·第4卷

人类需要的不是尊重，而是空气和面包。

《母与子》中·第4卷

人们必需的是，每隔一段较长的时间，要有一些鼓动者，他们重新开动生了锈的生命之钟。

《母与子》下·第4卷

太平无事地过了若干世纪的人类，一想到灾祸在十字街头等候着他们，不禁恐怖万状。人们不想一想，人类在成长，在蜕变，人们能适应灾难，如同适应天下太平一样。正如人的皮肤学会适应南北两极冰冻的啮伤，也会适应赤道阳光的烧灼，在灾难的境地和芸芸众生之间，形成一种协调，各得其所。在老人由于缺乏富于弹性的肺部、因不能呼吸而死去的地方，年轻人健壮愉快地在打闹嬉戏。而且也许正是他们父辈呼吸到的太平秩序，对年轻人来说是窒息难受的。

《母与子》下·第4卷

政治和社会的历史包含了永远不断的冲突，人类在其中奋勇向前，而结局是相当渺茫的，每一步都有阻碍，必须用不顾一切的顽强性——加以克服。

《音乐在通史上的地位》

浪涛推动我们前进，只要把紧舵轮就成。舵轮、小船和波浪都是我自己，波浪的意志必定完成！

《搏斗》

亲爱的朋友，这种现代生活使我烦躁而疲倦。给我在山上找一所小庙吧，有清澄的天空，一些希腊雕像（很少但很精），以及巴赫和贝多芬的音乐（因为莫扎特还不能满足我的理想），还有些别的东西——那我愿立刻去做和尚。

《罗兰与梅森葆的通信》1896 年 8 月 1 日

我想学一位古希腊人，剃光一半头发，以便消除到人间走动的一切诱惑。

《罗兰与梅森葆的通信》1890 年 8 月 1 日

可怜的人类，拼命抓住他们的一小把幸福，可是幸福不停地、不停地从他们手中滑脱。他们试图和盲目的大自然订立公约，而这个自然是人按照他们自己的形象制造的……

《母与子》上·第 2 卷

呵！人类社会，人，都是何等虚假的建筑！这个建筑只靠习惯而站立着。它将一下子坍倒……

《母与子》上·第 2 卷

世界上有些人永远做着出人意料，甚至出于自己意料的事。

《约翰·克利斯朵夫》卷 1·第 1 部

少数的好榜样跟坏榜样，几百年来都有人模仿：可见人类真会保存经验。

《约翰·克利斯朵夫》卷9·第2部

我们没法把自己最好的部分传给我们的骨肉。

《约翰·克利斯朵夫》卷10·第2部

血统相同的人有这种本能：只要眼睛一扫，就能知道对方的思想，从无数不可捉摸的征兆上猜到。

《约翰·克利斯朵夫》卷10·第2部

第四节 历 史

历史应该拿人类精神的生气蓬勃的统一性作为研究的目标，它应该使人类所有的思想保持密切的联系。

《音乐在通史上的地位》

"当前"是胃口很大的。它什么都拿，什么都要，它就是一切。它什么都不是，它是无底洞。

《母与子》中·第3卷

谁也不能拦阻溪水奔流。要是搬一块石头挡住它，它只能蹦跳得更起劲。

《母与子》中·第3卷

对昨日的人，寒暑表显示的是狂热，而对今天的人，则已成为正常。昨日的人学到的理性，也被暴风雨所席卷，它跨越了昨日的门槛，一腾跃，就到达了别的结论。

《母与子》下·第4卷

第五节 社 会

社会永远处在这两条路的中间：真理，或爱。它通常的解决，往往是把真理与爱两者一齐牺牲了。

《托尔斯泰传》

社会简直是一所医院……遍体鳞伤，活活腐烂的磨折！忧伤的侵蚀，摧残心灵的酷刑！没有温情抚慰的孩子，没有前途可望的女儿，遭受欺凌的妇女，在友谊、爱情、与信仰中失望的男子，满眼都是被人生斫伤的可怜虫！而最惨的还不是贫穷与疾病，而是人与人间的残忍。

《约翰·克利斯朵夫》卷9·第1部

由于世界上一切聪明才智之士作了巨大的投资，建立了新的道德，新的科学，新的信仰。每个民族和其余的民族一同踏进新世纪之前，的确需要把自己考察一番，清清楚楚地知道自己的面目和财产。一个新时代来了。人类要和人生订一张新的契约。社会将根据新的规则而再生。

《约翰·克利斯朵夫》卷10·第4部

社会的毁灭正如地震一般盲目而且不可避免……这种太清楚的定命的预见，太多的知识，变成了知识分子，即使是最自由、最勇敢的知识分子的累赘。

《搏斗》

我并不怀疑人间还有某种程度的善良，虽然我们毫不知晓。假如没有善，或者没有恶，恐怕这世界不会存在了。（恐怕？我怕吗？）要是没有恶，它会微笑着消逝。要是没有善，它会把自己完全吞没。但正是这不纯的善与恶的混合使我感到烦恼。在最高尚的灵魂中也有怎样的妥协性！最和善的心中藏着多少平庸！

《罗兰与梅森葆的通信》1890 年 9 月 30 日

对于这种"世纪末"的厌恶（它使健全的人厌恶，有时甚至使腐化的人也厌恶），处在一群枯萎心灵中间的大勇者的悲观；那些软骨虫在艺术、信仰和爱情上所招认的软弱；所有这些颓废派拼命努力而无用的狂热（他们徒然挣扎，他们在追求热情、美和生命时迷失了，结果要不是找到并产生了恶魔，就是信奉四大皆空）——所有这狂热的痛苦、所有它的恐怖都是合法的，合乎逻辑的，合理的，而且不止是合理的。——虚伪的人倒霉！弱者倒霉！

《罗兰与梅森葆的通信》1890 年 8 月 7 日

在社会上，表面极端精练的文明和隐藏在骨子里的兽性之间，永远有个对比，使那些能够冷眼观察人生的人觉得有股强烈的味道。一切的交际场中，熙熙攘攘的决不能说是化石与幽灵，它像地层一般，有两层的谈话交错着：一层是大家听到的，是理智与理智的谈话；另外一层是极少人能够感到的，是本能与本能、兽性与兽性的谈话。大家在精神上交换着一些俗套滥调，肉体却在那里说：欲望，怨恨，或者是好奇，烦闷，厌恶。野兽尽管经过了数千年文明的驯化，尽管变得像关在笼里的狮子一般痴呆，心里可念念不忘地老想着它茹毛饮血的生活。

《约翰·克利斯朵夫》卷 5 · 第 2 部

一切在前进的生命都在践踏着被害者。没有一个真正新的社会不是建立在以前存在的旧社会的废墟上。而这废墟不是石块，而是有血的肉体。

《母与子》下 · 第 4 卷

世界上多少心灵原来不是独立的，整个的，而是好些不同的心灵，一个接着一个，一个代替一个的凑合起来的。所以人的心会不断的变化，会整个儿的消灭，会面目全非。

《约翰·克利斯朵夫》卷 2 · 第 3 部

这个世界必须你用事实来证明你有多少能耐；要是我们拿得出，就拿出来，要是没有——就让这个世界撇开我们过下去。

《罗兰与梅森葆的通信》1890 年 8 月 10 日

第六节　生　活

没有笑声和友好的握手，生活就没什么意思。

《内心的历程》

生活本身就是一条不小的理由。

《母与子》初版序

归根到底，生活是一场战争。一切权利属于胜利者！如果战败者同意这样做，那就是他也从中有利可图。

《母与子》上·第1卷

生活，这是一切书籍中第一本重要的书。谁要是不念这本生活之书，随他便。反正每人身上都有这么一本书，从头一行到最后一行，写得清清楚楚。可是，你要想念懂这本书，必须由一个严厉的老师，生活的考验，来教你书中所用的语言。

《母与子》上·第1卷

生活是双方共同经营的葡萄园；两人一同培植葡萄，一起收获。然而两人并不一定要老是面对面地在一起喝葡萄酒。一种双方各自掌握的然而是相互的殷勤关切，将乐趣像一串葡萄似的要求对方，或给予对方，并且不动声色地让对方到别处去完成对于葡萄的采摘。

《母与子》上·第1卷

即使一动不动，时间也在替我们移动，而日子的消逝，就足以带走我们希望保留的幻想。人们处处检点，也是枉然；朝夕相处，日子一久，谁也不能不露出本相来。

《母与子》上·第1卷

生活是一场艰苦的斗争，每天都得来过一次，永远不能休息一下，要不然，你年复一年，一寸一尺的苦苦挣来的，就可能在一刹那间前功尽弃。

《约翰·克利斯朵夫》卷 6

一个人生气蓬勃的时候决不问为什么生活，只是为生活而生活——为了生活是桩美妙的事而生活！

《约翰·克利斯朵夫》卷 7·第 1 部

大艺术家不是一个吹毛求疵的人。健康的人最重视的是生活，特别是有天才的人，因为他比别人更需要生活。

《约翰·克利斯朵夫》卷 7·第 2 部

一个人应该体验当代的生活，哪怕这生活是喧闹的，糜烂的，应当一刻不停地吸收，一刻不停地给，给，然后再接受……

《约翰·克利斯朵夫》卷 10·第 1 部

在生活中，一切都是以痛苦为代价的。在自然界，每一个幸福都是建立在废墟上的。到最后，一切都是废墟。至少，我们反正曾经建筑过！

《母与子》上·第 2 卷

单调的日常生活扩大了。爱与恨的圈子也将要扩大……

《母与子》中·第 3 卷

疯子担心未来！未来，也许根本就没有。如果寄托希望于未来，你会上当吃亏。拿吧！立刻就拿你所要的东西，不要等待别人来伺候你！你有牙齿，有手，有眼睛，有奇妙的身体，身上布满眼睛，如同孔雀尾巴一样。这个身体用全部毛孔吸取生活。拿吧，拿吧！……爱吧！认识吧，享受吧，憎恨吧！

《母与子》中·第3卷

生活也不是文学。

《母与子》中·第3卷

人需要唱歌。生活是一个主题，可以编成形形色色的歌调。让我们唱吧！

《母与子》中·第3卷

在生活中，没有人给你回票。有去无回。

《母与子》中·第3卷

生活像跑道一样，围绕圈子转。

《母与子》中·第3卷

一个人在通过欢乐或哀愁——无论哪一种——而对生活发生兴趣以前是不会感到这种需要的。

《罗兰与梅森葆的通信》1890年10月11日

诱惑把生活置于并使之保持在深渊之上。没有诱惑，生活可能是没有眼睛和没有欲望的。

《罗曼·罗兰回忆录》

唯一有说服力的教材是榜样的教材。生活比学校更能提供这种教材。

《罗曼·罗兰回忆录》

如果生活不能缺少谎话，生活是巨大的幻想，那是因为它不是真正的生活。真正的生活在远处，必须把它找回来。

《母与子》中·第3卷

字句与现实，两者并非用同样的材料做成的。有时会发生这样的情况，在生活中碰到刚刚在书本上读过的事物，但是不认识这是什么。

《母与子》上·第2卷

一切都是空的。什么都犯不上费力气。诚实、荣誉，全是废话！……什么也别当真。拿生活开个玩笑。享受生活。只有劳动是存在的，因为这是大家不能缺少的必需……

《母与子》上·第2卷

家……是抵御一切可怕的东西的托庇所。阴影，黑夜，恐怖，不可知的一切都给挡住了。没有一个敌人能跨进大门。

《约翰·克利斯朵夫》卷1·第1部

生活不会在任何地方停顿的。

《罗兰与梅森葆的通信》1891年8月1日

第七节　命　运

命运跟随着走在命运前面的人。

《母与子》下·第4卷

为了责任而受苦是美好的命运，而美好与否，这是命运。

《内心的历程》

……在狂热的高潮上骚乱地翻腾着所有那些隐伏的恶魔，它们在正常与太平的时代是被社会所摈弃的。……我们每个人都被章鱼的触角缠住了。每个人都发现自己具有同样紊乱的善与恶的冲动，错综复杂，难解难分。就像一团纠结的绞线。谁能解开呢？……从而产生了一种严酷的命运感，人们面对这些危机时被它慑服了。然而这种感觉只是由于他们知道必须努力解放自己而又感到无能为力所产生的，这些努力确实带有多方面和持久的性质，但并未超出他们的能力范围。如果每个人都干了他力所能及的事（不必作更多的要求），那命运就不会显得严酷无情了。

《先驱者》

命运老是耍弄人的。它会让一般粗心大意的人漏网，但决不放过那些提防的、谨慎的、有先见之明的人。

《约翰·克利斯朵夫》卷8

命运是如何确定的呢？命运并不存在于一小时的决定中，而是建筑在长时间的努力、考验和默默无闻的工作的基础上；这时的决定大致上是可靠而坚实的，因为它立足于已经取得的成绩的基础之上，这些成绩不但是这个如何听天由命的人在辛勤的青少年时期取得的，而且是在长期的艰苦劳动和耐心等待中取得的。

《罗曼·罗兰回忆录》

对于大多数干等着的人，机会不会来，因为他们消极地等待着。

《母与子》下·第4卷

命运不能在今天完成（谁这样想，心里明白没有任何脱身之可能），除非把原始的力量狂放发泄出来，比如从海底翻腾起来的巨浪，冲刷一切的海啸。

《母与子》下·第4卷

我什么都不知道。但愿我有勇气什么都不知道，敢于正视："不管你怎样，要么是一切，要么是什么也没有，我将一直走到命运的尽头！因为只有这个，至少这个是属于我的：我的意志。不让步，直视不眨眼。在前进中死去……"

《母与子》下·第4卷

呵！饱满充实！完全一致！此时此刻，她什么都明白了，善良的彼岸，生存的彼岸……整个"Erleben"① 完结了。"激扬的灵魂"的周期也结束了……她是梯子的一档，被抛掷在空间，在一个拐角处。当走上来的脚步踏在她身上，要将她踏碎，这个梯档，在转动中，抵抗住压力，于是"主人"在她弓起的身体上，跨过深渊。她一生的痛苦

---

① Erleben，德语，意思是"体验"。

是命运前进途中的微小角度。

　　命运！前进吧！谢谢你把我当做踏脚板！……我跟你走。我是命运。

《母与子》下·第 4 卷

　　他的生活就是对命运的残酷作着长期的斗争，因为他不愿意忍受那个命运。

《约翰·克利斯朵夫》卷 2·第 1 部

　　一座玄武岩的金字塔，以冰川作为它的头发，用坚硬的点点白云悬在积雪的峰巅，山峰为之弯腰，好比马特峰①的嘴喙……在金属的梯子上，从深渊底里，一个人用沉重的脚步爬上来。他使整个金属梯子，从下到上，都颤抖起来，颤动的投枪，投向天空。用坚硬的火铸成而且冻住了云梯，在重压之下呻吟。由于所有别的梯档在微颤，每一档梯级都在微颤。沉重的脚步愈靠近，微颤声愈扩大。所有的梯档，从底部到峰巅，被同一个微颤连接起来。犹如野地上的高高的草茎，在风中倒向同一方向，所有的梯档向爬上来的人弯曲倾斜，向着下面。看不见的利爪每次咬住梯子的一根横档而压碎它，整个世界都弯腰向着临终的一点，它摇摇欲坠地支持着命运的全部重压。活的梯档格格作响，为了大家一直搏斗到死亡。在它临死的抽搐中，所有活人的呼吸积聚在一起。但是，搏斗一结束，看不见的压碎者过去之后，在他身后只剩下灰烬，野草被火焰之风重新吹拂，重新弯倒，随着风的余波，全部重新吹向高处。被火烧焦的生命之梯级，为将来在高处展开

---

　　① 马特峰（Mattehorn），又名切尔维诺峰（Cervino），阿尔卑斯山诸峰之一，位于瑞士瓦莱州与皮埃蒙特之间。

的搏斗而颤动。生命之川流全部在流淌,从刚刚失去生命的那人,朝着涌向入海处的人流,朝着河口流去。

《母与子》下·第4卷

各人有各人注定的命运。信奉死亡的人必将死亡……

《罗曼·罗兰回忆录》

第四章　关于"爱"

第一节　爱

爱就是丧失理性。

《约翰·克利斯朵夫》卷9·第2部

一个人爱的时候并不慈悲。

《约翰·克利斯朵夫》卷9·第2部

世界上有无数的生灵在相爱。

《约翰·克利斯朵夫》卷10·第4部

世界上只有一条真理：就是相爱。

《约翰·克利斯朵夫》卷7·第2部

一个人不怕自讨苦吃的时候，才是爱情最强的时候。

《约翰·克利斯朵夫》卷4·第1部

所爱者愈是无力,愈是显得亲切动人。

《搏斗》

一颗真正动了爱情的心,借了爱情能造出多少又可笑又动人的幻觉,谁又说得尽呢?

《约翰·克利斯朵夫》卷3·第10部

爱情是一种永久的信仰。一个人信仰,就因为他信仰,上帝存在与否是没有关系的。一个人爱,就因为他爱,用不着多大理由!……

《约翰·克利斯朵夫》卷3·第3部

一个人在爱情中是应当糊涂的。

《约翰·克利斯朵夫》卷7·第1部

在爱情上,无所谓权利。

《母与子》上·第2卷

在爱情中,除了爱的力量之外,别的都不算数。这个强烈的磁铁,将一个人的灵魂与肉体深深地嵌入另一个人身上。

《母与子》上·第2卷

每一种爱情必有它精粹的本质,一种本质鲜花怒放,另一种本质就枯萎了。肉体之爱不需要互相尊重。互相尊重的爱情不能贬低为单纯的享乐。

《母与子》上·第2卷

神圣的爱情，在它的神秘的角落中，不知道有任何栅栏，它跨过年龄；虽然它的根深深插在肉体中，插在它的无限止的冲动中，不顾一切，超过海洋，穿过空间与岁月的广宽间隔，把人们结合在一起。

《母与子》下·第 4 卷

爱是在爱的人的心里，而非在被爱的人的心里。凡是纯洁的人，强壮健全的人，一切都是纯洁的。爱情使有些鸟显出它们身上最美丽的颜色，使诚实的心灵表现出最高尚的成分。因为一个人只愿意给爱人看到自己最有价值的面目，所以他所赞美的思想与行动，必须是跟爱情塑成的美妙的形象调和的那种。浸润心灵的青春的甘露，力与欢乐的神圣的光芒，都是美的，都是有益健康而使一个人心胸伟大的。

《约翰·克利斯朵夫》卷 3·第 3 部

动了爱情的人都不知不觉的把爱人的灵魂作为自己的模型，一心一意地想不要得罪爱人，想教自己跟对方完全合而为一，所以他凭着一种神秘的、突如其来的直觉，能够窥到爱人的心的微妙的活动。

《约翰·克利斯朵夫》卷 7·第 1 部

对于过去的事，爱情能发生很奇怪的作用。

《约翰·克利斯朵夫》卷 2·第 3 部

每个人的心底都有一座埋藏爱人的坟墓。他们在其中成年累月地睡着，什么也不来惊醒他们。可是早晚有一天——我们知道的——墓穴会重新打开。死者会从坟墓里出来，用她褪色的嘴唇向爱人微笑，她们原来潜伏在爱人胸中，像儿童睡在母腹里一样。

《约翰·克利斯朵夫》卷 3·第 2 部

爱情的气息却像阵阵热风，火炽的熏蒸，使你骨节松散，心儿瘫软无力。隐秘的快感，使你感到非常困乏，不敢动弹，不敢思想……灵魂，蜷伏在它的好梦中，不敢从梦中醒来。

《母与子》上·第1卷

被人拒绝的爱情有知识丰富的调皮办法，它可以回到被撵走的地方去！

《母与子》上·第2卷

爱是没有两种方式的……噢，不，的确有两种：一种是把整个的身心去爱人家，一种是只把自己浮表的一部分去爱人家。但愿我永远不要害上这种心灵的吝啬病！

《约翰·克利斯朵夫》卷7·第1部

如果你要别人爱你，就不要过分地露出你自己爱他。

《母与子》中·第3卷

人家愿意为我们所爱，并不是因为我们是这样的人，而是由于他们（她们）是那样的人。

《母与子》中·第3卷

决不能像爱自己一样去爱你身边的人，而是要把对方看作一个别人去爱他，像他自己的样子，他自己所愿意的样子。

《母与子》中·第3卷

一颗充满爱的心，是天生要受它所爱的人折磨的。

《母与子》中·第3卷

你对一个人的了解，用一分钟的爱情能比几个月的观察更有成绩。

《约翰·克利斯朵夫》卷7·第1部

那种带着恋爱意味的友谊，最配一般暧昧的，喜欢玩弄感情的人的胃口。

《约翰·克利斯朵夫》卷7·第2部

我们在被爱者身上连缺点都爱的话，我们就更多地将自己给予别人；如果我们爱的只是美的方面，那么我们对于别人只取而不予。

《母与子》上·第1卷

我就爱你不完美。如果你知道我看见你不完美，你会恼火。对不起！我什么也没有瞧见……不过我呀，我可不跟你似的，我要你看见我不完美！我是不完美的，不完美的，而且我非这样不可；我身上不完美的地方，正是我自己，比其余部分更属于我自己。如果你爱我，你就连我不完美的地方也要。你要不要？……但是你不愿意认识这一点。你到底什么时候肯费神仔细瞧瞧我呢？

《母与子》上·第1卷

她爱他，爱他！可是她心里明白，这并不妨碍她过一会儿又会开始评判他，也评判自己。评判是一回事，爱情又是另一回事。她爱他，就像爱这新鲜空气，爱这天空，爱这草原上的气息，爱这春天的一片段一样。到明天，再来把她的思想弄个清楚！

《母与子》上·第 1 卷

在爱情中间，往往是性格比较弱的一个给的多；并非性格强的人爱得不够，而是因为他强，所以非多拿一些不可。

《约翰·克利斯朵夫》卷 10·第 1 部

真正的人没有什么爱得多爱得少的；他是把自己整个儿给他所爱的人的。

《约翰·克利斯朵夫》卷 10·第 2 部

主要的是应该为自己创造一颗不朽的灵魂，然后去爱人，并被人所爱。

《罗兰与梅森葆的通信》1890 年 9 月 26 日

人们只能爱存在的东西。

《母与子》下·第 4 卷

爱人家的得不到人家的爱。被人家爱的偏不爱人家。彼此相爱的又早晚得分离。……你自己痛苦。你也教人痛苦。而最不幸的人倒还不一定是自己痛苦的人。

《约翰·克利斯朵夫》卷 3·第 2 部

他初次尝到离别的悲痛，这是所有的爱人最受不了的磨折。世界，人生，一切都空虚了，不能呼吸了。那是致命的苦闷。尤其是爱人的遗迹老在你周围，眼睛看到的没有一样不教你想起她，现在的环境又是两人共同生活过的环境,而你还要重游旧地竭力去追寻往日的欢情:那时好比脚下开了个窟窿,你探着身子看,觉得头晕,仿佛要往下掉了,而真的往下掉了。你以为跟死亡照了面,不错,你的确见到了死亡,因为离别就是它的一个面具。最心爱的人不见了:生命也随之消灭了,只剩下一个黑洞,一片虚无。

《约翰·克利斯朵夫》卷 2·第 3 部

在爱情上,平分是卑鄙的。卑鄙的爱情。我宁愿成为受害者。我也宁愿成为刽子手。但我不愿意做一个卑鄙的人。为了挽救我所爱的,我不愿意出让一半。要么我全部给人;要么全部我都要。或者,我什么全不要。

《母与子》中·第 2 卷

在爱情上,有一点儿严肃是好的。可是不要太过分:不然爱情就成了一种苦差事,而不再是一种乐趣了。

《母与子》上·第 1 卷

理解,这有什么作用呢?理解,就是解释。而爱是不需要解释的……

《母与子》上·第 1 卷

人们以为最好的结合,基础在于双方相同之点,或者在于彼此恰好成为对比之处,这种想法是不对的。作为基础的,既不是以相同之点,也不是以相异之点,而是一种内心的默契,一个:"我已经选择了,我要,我立下誓愿。"这种默契经过了很好的锻炼,并且牢牢地打上了双方固执的决定的钤印。

《母与子》上·第 1 卷

婚姻的唯一伟大之处，安乃德说，在于唯一的爱情，两颗心的互相忠实。如果婚姻丧失了这个伟大之处，它还剩下什么呢，除了一些实际生活上的便利？

《母与子》上·第1卷

两颗相爱的心灵自有一种神秘的交流：彼此都吸收了对方最优秀的部分，为的是要用自己的爱把这个部分加以培养，再把得之于对方的还给对方。

《约翰·克利斯朵夫》卷10·第3部

一朝离别，爱人的魔力更加强了。我们的心只记着爱人身上最可宝贵的部分。远方的朋友传来的每一句话，都有些庄严的回声在静默中颤动。

《约翰·克利斯朵夫》卷10·第3部

一个人真爱的时候，甚至会想不到自己爱着对方。

《约翰·克利斯朵夫》卷8

一个人的爱或不爱究竟是不能自主的。

《约翰·克利斯朵夫》卷8

你只有向爱情屈服过以后才真正认识爱情。在共同生活的最初几年中，生活的和谐非常脆弱，往往只要两个爱人之中有一个有些极轻微的转变，就会把一切都毁掉。

《约翰·克利斯朵夫》卷8

两个性格完全不同的人，一朝相爱之下，往往在分离的时候精神上最接近。

《约翰·克利斯朵夫》卷 10·第 2 部

对于一颗年轻的心，爱情这股味道真是太浓了：和它比较之下，什么信仰都会显得没有意思。爱人的肉体，以及在这个神圣的肉体上面体会到的灵魂，代替了所有的学问，所有的信仰。

《约翰·克利斯朵夫》卷 8

在爱情方面像艺术方面一样，我们不应该去念别人说的话，而应该说出自己的感觉，要是在无话可说的时候急于说话，可能永远说不出东西来。

《约翰·克利斯朵夫》卷 8

爱情的决斗只有在决斗的双方势均力敌的时候，才能够保持决斗的高尚性质。一到有一方处于劣势，优胜者就滥用其优势，而失败者就自卑自贱起来。

《母与子》上·第 2 卷

一天又一天，在爱情织成的细密的罗网上，出现了几丝裂痕。人们对此一点也看不出来，罗网仍然挂得高高的，可是最轻微的风也在网上吹起令人不安的微颤。

《母与子》上·第 1 卷

生活是多么不如人意。人们不能缺少相互的爱，同时却也不能缺少独立。两者同样地神圣。两者同样地对于我们肺部的呼吸是必不可少的。怎样使两者调和呢？人们对你说："牺牲点儿吧！如果你什么也不肯牺牲，那就是你爱得不深……"然而几乎总是那些最能够担负伟大爱情的人，同时也是最热衷于独立不羁的人。因为在他们身上一切都是强烈的。如果他们为了爱情而牺牲自豪感的原则，他们就觉得降低了身份，在爱情之中，也因此而降低了身份，使爱情也不光彩……不，这并不像基督教的谦卑，或尼采的骄傲等道德观企图给我们的信念那样简单。在我们身上，一种力量并不和一个弱点对抗，一种美德并不是和一种恶习对抗，互相冲突的是两种力量，两种美德，两种义务……按照真正的生活，唯一的真正的道德，应当是一种和谐的道德。然而人类社会直到现在所有的只是一种压迫和忍受的道德——用谎话调剂着的道德。

《母与子》上·第1卷

幸福的婚姻实在太少了。这个制度有点儿违反天性。要把两个人联在一起，他们的意志必有一个受到摧残，或者竟是两败俱伤；而这种痛苦的磨炼还不能使灵魂得到什么益处。

《约翰·克利斯朵夫》卷10·第1部

随便恭维人的俗物，说话是挺容易的。可是爱到极点的人非竭力强迫自己就不能开口，不能说出他们的爱。

《约翰·克利斯朵夫》卷4·第3部

正如保尔从天上下来，不能泄露上帝的秘密，同样，我的心蒙上了，我的全部思想蒙上了爱情的纱幕。因此，我所看到的一切，我所做的一切我都不说，因为我心里藏着欢乐。

《罗曼·罗兰回忆录》

在这颗残破的心中，当一切生机全被剥夺之后，一种新生命开始了，春天重又开出鲜艳的花朵，爱情的火焰烧得更鲜明。但这爱情几乎全没有自私与肉感的成分。

《弥盖朗琪罗传》下编

一个人并不能真爱，只是心里要爱。爱是上帝给你的一种恩德，最大的恩德。你得求他赐给你。

《约翰·克利斯朵夫》卷8

倘若一个人的被爱要靠他本身的价值而不是靠那个奇妙与宽容的爱情，那么够得上被爱的人也没有几个了。

《约翰·克利斯朵夫》卷8

爱情的年龄已经过去了，现在的问题更多地（或更少地）在于两人之间最后的融洽，两人命运事先划定的弧线，在这个融洽上达到了终点。两人不必明言，常常在夜里，各人在自己家中，在自己床上思念，互相满怀感激的心情，并且发现他俩一直占据着对方的心，从未分离。

《母与子》下·第4卷

但愿在某处，在那边，在这"无"之中，有一块地方可以让我们和我们曾经爱过的人，重新会合，可以互相倾诉从前没有说完的全部的爱！

《母与子》下·第4卷

我把自己放在你的双手中。为此，你就不那么爱我了吗？……

《母与子》上·第 2 卷

爱情，这就是你吗？爱情，当我以为快抓住你的时候，你逃跑了，现在你跑到我身上来了吗？现在我抓住了你，抓住了你，你怎么也挣不脱了，呵，我的小俘虏，我把你关在我身体里边。你报复吧！你吃掉我吧！小耗子，咬我的肚子吧！用我的血做你的养料吧！你就是我。你是我的美梦。既然我不能在这个世界里找到你，我用我自己的血肉制造你……而现在，爱情，你已经在我手掌中！我就是我所爱的那个人！……

《母与子》上·第 1 卷

呵，充满阳光的心，你还要贡献出多大分量的爱情呢！把世界拥抱在整个胸怀之中！战利品太沉重了……

《母与子》上·第 2 卷

新的爱以怒潮汹涌之声势在创造和破坏。

《母与子》上·第 1 卷

不过，只要有了爱情，即使对方的情况你还没有把握，也反而增加对你的吸引力。在人们以为已经认识的事物的魅惑力之外，又加上未知因素的神秘性。

《母与子》上·第 1 卷

你一眼之间把女性的两个阶段，含苞欲放和花事阑珊的景象，同时看到了；这是多美多凄凉的景象，因为你眼睁睁地看着花开花落……所以一个热情的人会对姊妹或母女同时抱着热烈而贞洁的爱。

《约翰·克利斯朵夫》卷10·第2部

为了爱情，我什么都干……但是，叫我受拘束，我就活不下去。受拘束，这个念头，会引起我的反抗……不，两个人的结合不应当成为相互束缚。这结合应当成为一种双份的鲜花众放。

《母与子》上·第1卷

人不能老待在一个地方。我们生活着，行走着，被别人推动着，必须，必须向前！这一点并不是对爱情有什么损害。我们把爱情带着走。可是爱情不应当企图扯我们的后腿，不应当把我们和它一起禁闭在只有一个思想的、永远不变的甜蜜之中。一场美好的爱情可以继续一辈子，可是它不能使人一辈子都充实。

《母与子》上·第1卷

他们对人生，对幸福，对自己，都抱着无穷的信心，无穷的希望。他们爱着人，也有人爱着，那么快乐，没有一点阴影，没有一点疑心，没有一点对前途的恐惧！唯有春天才有这样清明恬静的境界！天上没有一片云。那种元气充沛的信仰，仿佛无论如何也不会枯萎。那么丰满的欢乐似乎永远不会枯竭。他们是活着吗？是做梦吗？当然是做梦。他们的梦境与现实的人生没有一点相像的地方。要有的话，那就是在这个不可思议的时间，他们自己就变了一个梦：他们的生命在爱情的呼吸中溶解了。

《约翰·克利斯朵夫》卷2·第3部

我愿意各人不嫉妒对方的自由发展，而以能帮助对方这种发展感到高兴。

《母与子》上·第1卷

不，人都愿意爱别人。但是人若在危难中，必先考虑自己，然后才想到别人。如果不先自救，如何能够救人呢？如果让别人搂住你的脖子，你又如何能够自救呢？

《母与子》上·第2卷

天真的人们和狡猾的人们一样，当他们恋爱时，他们总是为自己着想，决不为女人着想，无论在精神方面，或者在肉体方面，他们拒不承认女人是离开他们而独立存在的。爱情恰好是能在这一点上教育他们的一种考验。它也只能教育善于学习的那一小部分人，但在一般情况下，这种人和他们的对手总要吃了亏之后才受到教育，因为等到他们最后明白过来，已经晚了。若干世纪以来人们哀叹男女之间不可挽救的对立斗争，这种爱情的苦果，这场团圆好梦的破灭所引起天真的惊讶，是他们一开始的错误认识的特点。因为，什么叫做"爱"？难道不是"爱另一个人"吗？

《母与子》上·第2卷

不公正地使你所爱的人痛苦，能够成为一种使你丰富起来的启示，如果你有充分的魄力意识到这件事。

《母与子》下·第4卷

他不屈服。他敢于直视黑暗危险的空洞。而且用头脑的电光去照耀黑暗，这头脑制造自己的真，自己的美，自己的善。他觉得到它们强大的力量，他怀着爱情藏身其间，时时刻刻清醒地意识到下面的深渊，靠着他所爱的一切支持，他悬空地挂在这深渊之上。

《搏斗》

只因你左顾右盼，没有目的，神态和悦；只因你一边走一边笑了一下，就必须被人怀疑你在想爱情！爱情我见识过，我见得多了！那些傻瓜以为你没有他们就活不下去！他们不想想，我们没有他们照样可以幸福，不折不扣地幸福，由于天气晴朗，人还年轻，生活也不缺少起码的必需品！

《母与子》上·第2卷

创造性灵魂的这种强有力的拥抱，是跟男女结合同样地粗鲁和多产的。

《母与子》上·第2卷

母爱也篡夺了自我爱的地位，部分地破坏了自我爱。

《母与子》上·第2卷

一个明智的母亲知道怎么照顾她孩子的自尊心，孩子自以为已经是大人。她应当学会那种高级的学问，把她自己作孩子的试验场地，让他在我们身上拙笨地施用他新生长的力量。母亲宽宏大量地忍受孩子对她不公正的行为，她甚至在其中暗暗感到乐趣。我们心爱的人，我们的孩子，我们使他们长大成为男子汉，他们成为男子汉，要我们付出代价。这就是爱。爱，以创伤作为开始。

《母与子》下·第4卷

幸福之夜是没有记录的。爱情的拥抱从梦中开始，在梦中结束。

思想无从辨别在什么时刻它立住脚。

《母与子》下·第 4 卷

静默，漆黑一片的静默，爱情会在静默中分解，人会像星球般各走各的，湮没在黑暗中去……

《约翰·克利斯朵夫》卷 8

一个人的这些新陈代谢的现象，往往使爱他的人吃惊。但为一个不受意志控制而生命力倒很强的人，朝三暮四的变化是挺自然的。那种人好比一道流水。爱他的人要不被它带走，就得自己是长江大河而把它带走。两者之中不论你挑哪一种，总之得改变。

《约翰·克利斯朵夫》卷 8

身体给人家，思想留给自己——不，提都不用提……那是出卖自己！……这么说，只剩下一个解决的办法，结婚，唯一的爱情？

《母与子》上·第 1 卷

不论可能发生什么事，毫不影响这一主要事实："我是我。你是你。我们交换。说了算数！决不反悔。"这里边有相互的贡献，有默契，有一种灵魂的结合，由于没有任何外来的约束——既无书面的文契，又无教会的或民政的批准手续——加压力于这种婚姻之上，所以它反而效果更为显著。

《母与子》上·第 1 卷

对我来说，婚姻并不是十字路口，在那儿，人们将自己给予所有的过路人。我只委身于一个人。到了我不再爱他，我爱上了别人的那天，我将和这第一个人分离，我不会将我自己分给几个人，而且我不能忍受这种分割。

《母与子》上·第1卷

幸福的夜没有历史。爱的结合在梦里开始，也在梦里终结。当人们醒过来的时候，也不会辨明什么时刻。

《搏斗》

一个人只怕他所爱的事物。

《托尔斯泰传》

第二节 情 感

痛苦能够使一个人变得不公平。

《约翰·克利斯朵夫》卷9·第2部

我们应当敢于正视痛苦，尊敬痛苦！欢乐固然值得颂赞，痛苦亦何尝不值得颂赞！这两位是姊妹，而且都是圣者。她们锻炼人类，开展伟大的心魂。她们是力，是生，是神。凡是不能兼爱欢乐与痛苦的人，便是既不爱欢乐，亦不爱痛苦。凡能体味她们的，方懂得人生的价值和离开人生时的甜蜜。

《弥盖朗琪罗传》

倘若一个痛苦的人能睡上几个月，直到伤痕在他更新的生命中完全消失，直到他换了一个人的时候，那可多好！但谁也不能给他这种恩典；而他也绝对不愿意。他最难忍受的痛苦，莫过于不能哑摸自己的痛苦。

《约翰·克利斯朵夫》卷 8

你要使一个在痛苦中煎熬的人得到一点好处，只能爱他，没头没脑地爱他，不去劝他，不去治疗他，只是可怜他，爱的创伤唯有用爱去治疗。

《约翰·克利斯朵夫》卷 8

如果我们对人类的痛苦耿耿于怀，我们自己就无法活下去！每一个人的幸福是以另一个人的痛苦作为食粮的。生命侵蚀生命，正如某些虫卵在一个活的捕获物身上。每人都在喝他人的血。

《母与子》上·第 2 卷

……痛苦的顶点是很甘美的，痛苦的顶点是很苦涩的……啊！隐秘的苦涩，它藏在某些酒杯之底！可是，在心的苦难之上是微笑的天，优雅的讽刺，典雅的花朵散发出骄傲的芬芳，掺杂在暴风雨中……

《罗曼·罗兰回忆录》

你所爱的人对你可以为所欲为，甚至可以不爱你。你没法恨他；既然他丢掉你，足见你不值得人家的爱，你只能恨自己。这便是致命的痛苦。

《约翰·克利斯朵夫》卷 7·第 2 部

各国的智慧的经验说：让人分担痛苦会减轻一个人的苦难。然而，各国的智慧并不是我的智慧。

《罗兰与梅森葆的通信》1890 年 12 月 23 日

一个人的幸与不幸并不在于信仰的有无；同样，结婚与不结婚的女子的苦乐，也并不在于儿女的有无。幸福是灵魂的一种香味，是一颗歌唱的心的和声。而灵魂的最美的音乐是慈悲。

《约翰·克利斯朵夫》卷8

青草虽然坚挺而多刺，但它还是很肥嫩而饱含汁水的；即使有点苦，但也增加了它的美味。

《母与子》中·第4卷

在无以名之的痛苦中，是与死亡交配的无以名之的快感。

《母与子》下·第4卷

痛苦，就是学习……

《母与子》下·第4卷

凡是在受苦的时候，爱的时候，恨的时候，做无论什么事的时候，肯不顾一切地把自己完全放进去的，便是奇人了，是你在世界上所能遇到的最伟大的人了。热情跟天才同样是个奇迹，差不多可以说不存在的！……

《约翰·克利斯朵夫》卷9·第2部

艺术并不比爱情更真实。它在人生中究竟占着什么地位？那些自命为醉心于艺术的人是怎么样爱艺术的？……人的感情是意想不到的贫弱。除了种族的本能，除了这个成为世界轴心的、宇宙万物所共有的力量以外，只有一大堆感情的灰烬。大多数没有蓬蓬勃勃的生气使他们整个地卷进热情。他们要经济，谨慎到近乎吝啬的程度。他们什么都是的，可是什么都具体而微，从来不能成为一个完整的东西。

《约翰·克利斯朵夫》卷9·第2部

啊，言语！即使是莎士比亚的言语吧，也怎样会曲解它触及的任何感情！纯粹的情操用文字表达后就变成"文艺"了。

《罗兰与梅森葆的通信》1890年9月5日

热情与欢娱之间毫无连带关系。现代的人们把这两者混为一谈，实在是他们全不知道何谓热情，也不知道热情之如何难得。

《贝多芬传》

即是快乐本身也蒙上苦涩与狂野的性质。所有的情操里都混合着一种热病，一种毒素。

《贝多芬传》

人们心里最亲密的情感：感激、温爱，人们仔细地把它掩埋起来，不让对方瞧见！看起来这是愚蠢的。（不管怎样，对方还是看得见的！……）然而人们掩埋在优质土壤中的东西，只能生长得更好。

《母与子》下·第4卷

无论我欣喜或鄙视，我总是把同样的天真注入我所有的情感中。

《罗兰与梅森葆的通信》1890年7月26日

一个人在情感强烈时，是不会太机灵的。

《母与子》上·第1卷

理解还是很有作用的！作用就是，如果你不理解，你就得不到什么。

《母与子》上·第1卷

清明高远的境界并掩饰不了骚乱不宁的心绪；恬静的外表之下，有的是年深月久的哀伤。

《约翰·克利斯朵夫》卷1·第3部

保卫得太严密的心真倒霉！情欲闯了进来之后，最贞洁的心，最容易束手就缚……

《母与子》上·第1卷

沉寂的深渊又打开了。激动的感情和山洪一样，流入深渊……

《母与子》下·第4卷

抛弃了最心爱的人，人就在寂寞中闷死……但是，临终的寂寞，如同人们所想，只是在于活人与正在死亡中人之间的距离，那还差得很远。这种寂寞有它本质空虚的核心，在临死者的怀中正进行着对自己的远离。

《母与子》下·第4卷

人们对于不十分看重的人，要宽容得多。

《母与子》上·第1卷

火焰真的点着了。各人都被对方的欲望所焚烧，并且以自己的欲望作为燃料，使对方的欲望燃烧得更旺。一个人越兴奋，他期待于对方越殷切；而对方也就越努力去超过这种期待。这是非常使人疲乏的。可是他俩都有无穷的青春力量现以消耗。

《母与子》上·第1卷

等到固执的意念没有了养料，烧过了一阵也归于消灭的时候，一个新的性格便从废墟里浮出来，是个没有慈悲，没有怜悯，没有青春，没有幻象的性格，只想磨蚀生命，好似野草侵犯倾圮的古迹一样。

《约翰·克利斯朵夫》卷8

在活动的思想中，我们的意识自以为占有了我们的内心世界，它只不过抓住浪涛的峰巅，当阳光将它映照成金黄色的时候。只有梦幻能够感觉到流动的深渊和它的汹涌澎湃的节奏，那是若干世纪风中飘荡着的无数种子，我们的先辈以及我们后代的思想种子，这是希望与遗憾的非同小可的合奏，多少颤抖的手伸向过去或未来……说不清的和谐，它织成一瞬间灵光闪耀的锦绣，而有时只需要略一触动，它就苏醒……

《母与子》上·第2卷

人非禽兽，怎么能远离故土而无动于衷呢？苦也罢，乐也罢，你总是跟它一起生活过来的；乡土是你的伴侣，是你的母亲：你在她心中睡过，在她怀里躺过，深深地印着她的痕迹；而她也保存着我们的梦想，我们的过去，和我们爱过的人的骸骨。

《约翰·克利斯朵夫》卷4·第3部

情欲的自私只知有情欲,别人的好意对它也没有什么用。

《约翰·克利斯朵夫》卷2·第3部

肉体在发言。它的声音很响亮。理智的声音爱说什么尽管说什么;这儿有一种理解方式,它就根据这些谴责,将欲念点燃起来。

《母与子》上·第1卷

只要心不变,肉体的堕落是不足道的。要是心变了,那就一切都完了。

《约翰·克利斯朵夫》卷8

孤独和孤独的观念是十分有害的,尤其当一个人在内心只听到号召他的理想之声在辩论时。

《罗兰与梅森葆的通信》1890年8月26日

最坏的并非是成为孤独,却是对自己亦孤独了,和自己也不能生活,不能为自己的主宰,而且否认自己,与自己斗争,毁坏自己。

《弥盖朗琪罗传》

第五章 关于"灵魂"

第一节 灵 魂

世界上的一切事物中,灵魂的自由最为珍贵。

《罗曼·罗兰回忆录》

影子永远只是影子。

《罗兰与梅森葆的通信》1890年8月7日

一个伟大的人格在内部包含了不止一个灵魂。所有这些灵魂都围绕着其中的一个,就像在一群朋友中,性格最坚强的人会占优势一样。

《先驱者·托尔斯泰——自由的精神》

一个勇敢而率真的灵魂,能用自己的眼睛观照,用自己的心去爱,用自己的理智去判断;不做影子,而做人。

《先驱者·托尔斯泰——自由的精神》

当大自然拒绝给我宁静时,我那骚动的灵魂却能创造它,我的幻觉能在团团乌云下发现和谐的静静的群山。

《罗兰与梅森葆的通信》1891年2月14日

一个人可以成为世界之主，而却比一个一无所有的人更不自由。条件是那个一无所有的人有一个灵魂，或者自以为有灵魂（两者是一回事）。可是这种人是稀少的。极大多数人没有灵魂，或者没有想到自己有灵魂。

《母与子》中·第4卷

如果你真正有一个灵魂，你就没有产权人的猥琐的心理状态。

《母与子》中·第4卷

每个人心里有一颗隐秘的灵魂，有些盲目的力，有些妖魔鬼怪，平时都被封锁起来的。

《约翰·克利斯朵夫》卷9·第2部

说话，亲吻，假抱，都可以淡忘，但两颗灵魂一朝在过眼烟云的世态中遇到了，认识了以后，那感觉是永久不会消失的。

《约翰·克利斯朵夫》卷6

被压碎的松散的灵魂在扩张，它和"至高的存在"化为一体。至高存在在挖掘过程中，把灵魂合并了："你是我的，我是你的……"

《母与子》下·第4卷

为了生存的缘故，锁在理智的铁栏里的灵魂，一定也会命令自己的根须穿过铁栏去喝饮土地的血的。

《搏斗》

我相信，要是你有钥匙的话，你会让我锁上自己的心扉（我的灵魂），为了挡住别人的好奇心。

《罗兰与梅森葆的通信》1890年8月10日

一个人在批判自己的时候，他会怀恨吗？

《内心的历程》

如果人的肉体不得救，即使灵魂得救是不行的。悲惨的肉体，这臭皮囊，这蜉蝣的生命，是"理想家"们轻描淡写的对象，因为他们不必为它忧虑，因为他们的生活过得还不错！……不！肉体第一！而且让我们唤它的名字，它的光荣和被轻视的名字罢：肚子……鄙视它好了，美丽的灵魂！……饥饿的肚子，制造生命的肚子，长出耶稣世系树的肚子——根株……培养它！……首先要克服饥饿、贫穷、社会的灾难。……灵魂可以，假如它乐意的话，在这树顶开花。我耙树脚的土，我施肥……上帝，或者人之上帝，正好要由这些肥料里出世。

《搏斗》

灵魂如同蚕蛹一样，蜷缩在迷蒙的光线形成的茧壳中，它在梦想未来，谛听自己的梦呓……

《母与子》上·第1卷

对于一个被扰乱的灵魂，最好的解救办法是不要去碰它，让沙土自己慢慢沉淀下来。

《母与子》上·第3卷

世界上的灵魂和钟声一样,有的远,有的近。

《母与子》下·第4卷

第二节　心　灵

如果优秀的心灵使自己的思想趋于妥协,那也是一种罪恶。

《超越混战》

唯有心才能使人高贵:我尽管不是一个伯爵,我的品德也许超过多少伯爵的品德。

《约翰·克利斯朵夫》卷2·第3部

所有那些自命高贵而没有高贵的心灵的人,我都看作像块污泥。

《约翰·克利斯朵夫》卷2·第3部

在并无风云的天空之下,一个贫血的心灵抑郁而死。一个强壮的心灵暴露在疾风骤雨之下,却轻松愉快地将阴影裹在身上,如同用阳光裹身一样。这个心灵明白,光与影是交替出现的。

《母与子》上·第2卷

庸俗的心灵,决不能了解这种无边的哀伤对一个受难的人的安慰。只要是庄严伟大的,都是对人有益的,痛苦的极致便是解脱。压抑心灵,打击心灵,致心灵于万劫不复之地的,莫如平庸的痛苦,平庸的欢乐,自私的猥琐的烦恼,没有勇气割舍过去的欢娱,为了博取新的欢娱而自甘堕落。

《约翰·克利斯朵夫》卷5·第1部

现代的道德家真是些古怪的动物。他们把整个的生命都做了"观察器官"的牺牲品。他们只想看人生；既不十分了解它，更谈不到有什么愿望。他们把人性认清了，记录下来之后，就以为尽了责任。他们说："瞧，人生就是这么回事。"

他们并不想改造人性，在他们心目中，仿佛"存在"便是一种德性。因此所有的缺陷都有一种神圣的权利。社会是民主化了。从前不负责任的只有君主，现在是所有的人，尤其是那些无赖，都是不负责任的了。这种导师真是了不起！他们殚精竭虑，竭力要教弱者懂得他们软弱到什么程度，懂得那是他们的天性，应当永远这样的。在这个情形之下，弱者除了抱着手臂发呆以外还有什么事可做？凡是不欣赏自己的弱点的人算是上乘的了。

《约翰·克利斯朵夫》卷8

让我们坦率地说，所有的祸害都来自谁也不敢真诚这一点，谁也不敢超过个人利益和激情受到威胁这条界线而坚持真诚。一碰到这条界线，人们就找一个迂回的办法，自己和自己耍滑头，像那些和平主义者似的。

《母与子》中·第3卷

坦率要求在每一个思想里都坦率，不欺骗任何人，尤其在自己相信的事上不欺骗自己。可是坦率并不苛求我们去做办不到的事，它要求我们永远而且只是按照我们相信的事去行动。

《母与子》中·第3卷

少数人独占的文化架子已经破碎了。今天我们必须接受最广义的人文主义，拥抱全世界所有的精神力量。我们需要的是：泛人文主义。

《先驱者·拥护国际精神团结——拥护世界文明统一》

生活是建筑在痛苦与残忍上面的，一个人要活着就不能不使旁的生物受苦。那不是闭上眼睛，说说空话所能解决的。也不能因此而放弃生活，像小孩子一般的抽抽搭搭。倘若今日还没有旁的方法可以生活，就得为了生活而杀戮。但为杀戮而杀戮的人是个凶手。虽然是无意识的，可究竟是凶手。人类应当努力减少痛苦与残忍：这是我们最重要的责任。

《约翰·克利斯朵夫》卷9·第2部

对于一个没有成见的人，看到动物的痛苦比人类的痛苦更难忍受。因为人的受苦至少被认为不应该的，而使人受苦的也被认为罪人。但每天都有成千累万的动物受到不必要的屠杀，大家心上没有一点儿疙瘩。谁要提到这一点，就会给人笑话。——然而这的确是不可赦免的罪恶。只要犯了这一桩罪，人类无论受什么痛苦都是活该的了。

《约翰·克利斯朵夫》卷9·第2部

一种对生活的健全的责任感是比孝顺更不可抗拒、也许更神圣的。

《内心的历程》第3章

我的职责是要说出我认为公平的合乎人道的话。无论这会使别人喜欢或厌恶，那不是我的事情。

《超越混战》

第三节　品　德

只有这个——行动，为了大家而行动——才是德行，雄健的意义上的德行。其余一切都是"渺小的德行"。

《母与子·订定本导言》

徒有外表决不是美，它不过是披着的外衣。一座美丽的塑像过分雕琢便成了被损坏的珍宝；而悉心雕刻的衣褶决不会成为一座美丽的塑像。

《罗曼·罗兰回忆录》

敌人万岁，正是由于他们所通，我才得到了好朋友。

《罗曼·罗兰回忆录》

当说谎成了一项这样完美的艺术，它比得上美好的戏剧。

《母与子》上·第2卷

不公正的力量，比公正的力量更富于潜在的吸引力，因为不公正的力量更像力量，完全是粗蛮的力量，是纯粹的力量；而且更富于危险性。

《母与子》中·第3卷

情欲的危险不在于情欲本身，而在于它破坏的结果。

《约翰·克利斯朵夫》卷3·第3部

漂亮的词句可以导致品行端正，但是品行不端正的人只能用漂亮的词句来说谎。

《母与子》中·第3卷

意志是一种事实，它可能和命运同样地久天长。

《母与子》中·第4卷

与善的精力一样，恶的精力也是一宗财富。谁要是在摇篮中已经接受了这种精力，就是神明祝福的人。

《母与子》下·第4卷

由于同情而犯罪和诚实的人在生活中可能犯的微不足道的小罪行之间的区别，这无非是一块银元和它所兑换成的零钱之间的区别。

《母与子》下·第4卷

善跟恶之间，绝对没有中间地位。

《约翰·克利斯朵夫》卷5·第2部

要做凯撒，先要有凯撒的气魄。

《约翰·克利斯朵夫》卷5·第1部

一个人总得有志愿，而这一点毅力就不是每个人都能有。

《约翰·克利斯朵夫》卷7·第2部

我们在这儿可以看到，对于健全的人，一切都是健全的；对于腐败的心灵，一切都是腐败的。

《约翰·克利斯朵夫》卷8

要散布阳光到别人心里，先得自己心里有阳光。

《约翰·克利斯朵夫》卷9·第1部

当一个人没有说出他思索的一切时，他并不缺乏信任或坦白，只要他所说的话是真的。

《罗兰与梅森葆的通信》1890年7月26日

真诚是跟聪明与美貌一样少有的天赋，而硬要所有的人真诚也是一种不公平。

《约翰·克利斯朵夫》卷3·第3部

为骄傲为荣誉而成为伟大，未足也；必当为公众服务而成为伟大。最伟大之领袖必为一民族乃至全人类之忠仆。

《托尔斯泰传》

第四节 性 格

首先是笑，其次才是思想。一个人可以无所用心，尽管畅笑。

《内心的历程》

如果温柔是强力的微笑，她不是更迷人吗？

《罗兰与梅森葆的通信》1890年7月18日

假如温柔不被刚强所抵消，艺术便会受到潘鲁吉雅①风格的威胁，人生也有变成一株酣睡的植物的大危险。做一朵花是美好的，但要是能够的话，也许做一个人更好。

《罗兰与梅森葆的通信》1890年7月2日

沉默是一种科学，也是一种艺术。

《母与子》下·第4卷

第五节　精　神

精神就是光明。

《超越混战》

比英雄主义更罕有的、比美更罕有的、比圣洁更罕有的是一种自由的精神。

《先驱者》

自欺，是一种精神缺陷。

《内心的历程》

在这广大的宇宙间并不缺乏可以组成美好基础的性灵。可是他们必须是自由的。

《先驱者》

---

① 拉裴尔以后恩波黎亚画派最主要的代表（约1450—1524），富于幻想及神秘主义的倾向。

精神不是任何人的仆从。我们才是精神的仆从。我们没有别的主子。我们生存着是为了传播它的光明，捍卫它的光明，把人类中一切迷途的人们集合在它周围。

《先驱者》

一个婴孩的精神本质是和他小小的身材完全不相称的。

《内心的历程》

我们是前者的过客，后者的缔造人。对于前者，让我们献出我们的生命和我们忠实的心；可是无论家庭或友人、无论祖国或任何心爱的事物都没有权力控制我们的精神。

《超越混战》

爱情，没有了，野心，没有了。所剩下的只有力，力的欢乐，需要应用它，甚至滥用它。"力，这才是和寻常人不同的人的精神！"

《贝多芬传》

他已经跟我们永别了。可是他的灿烂天才的回光、他在沉痛斗争中的和善、在灾祸中都不能摧毁的乐观精神，却在黑影幢幢的欧洲大屠杀之上辉耀着，宛如璀璨的夕照。

《超越混战》

精神徒然想不参加战斗而保持独立，但人的气质采取了立场，没等良心明白过来是怎么回事。

《母与子》下·第4卷

第六节 信 仰

信仰，无所不在，从整体中强烈地表现出来。

1888 年 3 月的日记

光有信仰是不够的，必须满怀热情地保持信仰。

《罗曼·罗兰回忆录》

只有热情才是合理的。我一点都不喜欢那种半心半意的人，犹豫不定的人，极少热情的人。

《罗曼·罗兰回忆录》

人们的信仰是多种多样的，由于这些信仰都来之于人，故而不易持久……归根到底，所有的信仰都一样：为了永生。

《罗曼·罗兰回忆录》

我们的信仰是我们力量的尺度。因为，我们的信仰大小与我们的存在是成正比的。我越存在，我越思索。

《罗曼·罗兰回忆录》

然而假如没有信念，创造又是什么呢？……也许不是用头，而是用腰罢。生存者喊："创造！"头就不能不服从。比起血肉的大力量来，这是个可怜的君王。

《搏斗》

神呀！永恒的生呀！这是一般在此世无法生存的人们的荫庇！信仰，往往只是对于人生对于前途的不信仰，只是对于自己的不信仰，只是缺乏勇气与欢乐！……啊！信仰！你的苦痛的胜利，是由多少的失败造成的呢！

《弥盖朗琪罗传》

对于人类，务当怀有信念。无此信念，则于此等功业，宁勿轻于尝试！否则即不殒灭，亦将因恐惧而有中途背叛之日。度德量力，实为首要。

《托尔斯泰传》

信仰不是一门学问，信仰是一种行为；它只在被实践的时候，才有意义。

《托尔斯泰传》

一个人自以为信仰一种主义，为它而奋斗，或者将要奋斗，至少是可能奋斗，的确是愉快的事；甚至觉得冒些危险也不坏，反而有种戏剧意味的刺激。

《约翰·克利斯朵夫》卷9·第1部

大多数人的信仰完全是受偶然支配。

《约翰·克利斯朵夫》卷9·第1部

人类在道德方面有什么进步呢？……但所有的信仰都是美的；气运告尽的信仰黯淡的时候，应当欢迎那些新兴的；信仰永远不会嫌太多。

《约翰·克利斯朵夫》卷9·第1部

　　信仰是一种力，唯大智大勇的人才有。假定信仰是火种，人类是燃料；那么这火种所能燃烧的火把，一向不过是寥寥几根，而往往还是摇晃不定的。使徒，先知，耶稣，都怀疑过来的。其余的更只是些反光了——除非精神上遇到某些亢旱的时节，从大火把上掉下来的火星才会把整个平原烧起来；随后大火熄灭了，残灰余烬底下只剩一些炭火的光。真正信仰基督徒不过寥寥数百人。其余的都自以为信仰或者是愿意信仰。

《约翰·克利斯朵夫》卷9·第1部

　　需要有信仰是和我们生活中的每一行动天生连结在一起的；我们根据自己的能力向周围的一切传播我们的生活信念。这是我们的权利与义务。有人开玩笑说，如果动物有思想的话，它们会认为世界是为它们的需要而创造的。它们怎么没有呢？一切在于，存在是为了卑贱者，同样是为了高贵者。所有的人都能永生，但要看他们是否努力。为了进入永生，幸运的人能够挣脱肉体上的羁绊！

《罗曼·罗兰回忆录》

　　在这个世界上，最渺小的人和最强大的人同样有一种责任。而且——那是他不知道的——他也有他的威势。别以为单枪匹马的反抗是白费的！敢肯定自己的信念就是一种力量。

《约翰·克利斯朵夫》卷7·第2部

　　大多数的人都是过的这种生活。他们的生命不是放在宗教信仰上，就是放在道德信仰上，或是社会信仰上，或是纯粹实际的信仰上——信仰他们的行业、工作、在人生中扮演的角色——其实他们都不相信。可是他们不愿意知道自己不相信：为了生活，他们需要有这种表面上的信仰，需要有这种每个人都是教士的公认的宗教。

《约翰·克利斯朵夫》卷 5 · 第 2 部

一个风雅的社会最难宽恕的莫过于信仰；因为它自己已经丧失信仰。大半的人对青年的梦想暗中抱着敌视或讪笑的心思，其实大部分是懊丧的表现，因为他们也有过这种雄心而没有能实现。凡是否认自己的灵魂，凡是心中孕育过一件作品而没有完成的人，总是想：

"既然我不能实现我的理想，为什么他们就能够呢？不行，我不愿意他们成功。"

《约翰·克利斯朵夫》卷 5 · 第 2 部

快乐的时候，他根本不大想到上帝，但是倾向于信上帝的。不快活的时候，他想到上帝，可不大相信：上帝会容许这种苦难与不公平的事存在，他觉得是不可能的。但他并不把这些难题放在心上。其实他是宗教情绪太浓了，用不着去多想上帝。他就生活在上帝身上，无须再信上帝。

《约翰·克利斯朵夫》卷 3 · 第 1 部

信仰只是为软弱的人、萎靡的人、贫血的人的！他们向往着上帝，有如植物的向往着太阳。唯有垂死的人才留恋生命。凡是自己心中有着太阳有着生命的，干吗还要到身外去找呢？

《约翰·克利斯朵夫》卷 3 · 第 1 部

失掉信仰和得到信仰一样，往往只是一种天意，只是电光似的一闪。理智是绝对不相干的；只要极小的一点儿什么：一句话，一刹那的静默，一下钟声，已经尽够了。在你散步、梦想、完全不预备有什么事的时候，突然之间一切都崩溃了；周围只剩下一片废墟。你孤独了，不再有信仰了。

《约翰·克利斯朵夫》卷3·第1部

　　我只有一个信念：看看和摸摸，然后信仰。今天还谈不到信仰。今天只是看，看！还要摸摸一切我手能够抓住的东西……

《母与子》中·第4卷

　　很少有人明白为什么他们的全部自由和生存权利，必须交给一个秘密的主宰者来掌握，让他任意宰割。除了一两个人之外，一般都不试图理解其中的道理。他们不需要理解就点头同意。他们是在对一切事都要先表示同意的要求上被教养大的。千万人一致表示同意的事，也就没有必要问同意的理由了。只要互相看看，别人怎样干，自己也怎样干就行。精神和肉体的全部机构能自动运转，不必费力。上帝！将羊群赶向集市是多么省事！只要有一个目光狭窄的牧羊人和几只牧羊犬就行。

《母与子》中·第3卷

　　一个信念丧失了，茁壮的灵魂可以重建另一个信念，重建新巢。但是，如果缺少的是灵魂本身！它是用沙子堆成的，它自行倒塌了。

《母与子》中·第3卷

　　一些老旧的信仰都受到考验。一种新的道德，在旧道德的废墟上，在英勇的新基础上，牢固地建立起来。坦率的道德，力的道德，而不是伪善与虚弱……

《母与子》上·第 2 卷

当代的悲剧是缺乏对世界前途的信心，危机的结局已近，令人忧虑的是自己无能为力。

《罗曼·罗兰回忆录》

说不要浪费光阴去和根本没有信仰的人争辩——至少在他们一味固执、不愿意相信的时候。那既不会使对方有益，反而有把自己也弄糊涂了的危险。

《约翰·克利斯朵夫》卷 3·第 1 部

第七节　宗　教

一颗自由的心灵，不管怎么伟大，倘使单有基督徒的精神而不肯服从，那么纵使他代表信仰中最纯洁最神圣的部分，一般的旧教徒也认为他是不相干的。

《约翰·克利斯朵夫》卷 7·第 2 部

凡是心灵深处真有宗教热忱的人，为上帝献身的人，如果胆敢不守旧教的规条，不承认罗马的威权，那么一般自称为旧教徒的不但立刻把他们视同陌路，抑且视同仇敌，不出一声地让他们落在共同的敌人手里。

《约翰·克利斯朵夫》卷 7·第 2 部

倘若上帝是慈悲的，那么最卑微的生灵就应该得救。倘若上帝只对强者发慈悲，而对于弱者，对于给人类作牺牲的下等的生物没有正义，那么压根儿就没有什么慈悲，什么正义……

《约翰·克利斯朵夫》卷9·第2部

上帝并不苛求。上帝只要人们的灵魂，人们的肉体他可以不要。他甚至不强调有权干涉人们的行动，只要有意愿就行。

《母与子》中·第3卷

上帝选择他所要的人。他可不问你愿意不愿意！

《母与子》中·第3卷

当上帝老爷遗忘他的孩子们时，孩子们只好互相照顾，轮流当父亲。

《母与子》中·第3卷

谁要面对面地见到活的上帝，就得爱人类，在自己荒漠的思想中是找不到上帝的。

《约翰·克利斯朵夫》卷8

依了中国的三教行事：儒家，教人排脱暴力；道教，教人"己所不欲，勿施于人"；佛教，则是牺牲与爱。人生的智慧与幸福的秘密尽于此矣。

《托尔斯泰传》

第八节 理 想

一种理想就是一种力!

《约翰·克利斯朵夫》卷7·第2部

要不要跨进门槛去，完全在你。敢于进入未来！对能够抛弃过去的人，很容易进入未来！

《母与子》下·第4卷

第九节 思 想

每一种健全的思想是一颗植物种子的包壳，传播着输送生命的花粉。

《内心的历程》

思想是一个舒适的枕垫。我们的好百姓在晚上把头搁在上面，就睡着了。

《内心的历程》

未来的思想必须是全宇宙宏大思想的综合。

《先驱者》

我们不应该被我们敬仰的一切所束缚，而事实上我们是被古典思想束缚着。

《先驱者》

思想对我来说，总比感情成熟，懂得把自己的情绪一扫而光，以看清自己命运的航路图。

《罗曼·罗兰回忆录》

最清楚的思想，也看来似乎水汽一般在升华：忽而四散，忽而凝聚，它们的又凄凉又古怪的骚动，罩住了心；往往乐思在薄雾之中浮沉了一二次以后，完全消失了，淹没了，直到曲终才在一阵狂飙中重新出现。

《贝多芬传》

从深邃的潜意识中踊跃出来的自由的本能，受着理智的压迫，不得不和那些明白清楚而实际上跟它毫不相干的思想合作。

《约翰·克利斯朵夫》卷4·第1部

思想是一个世界，行动又是一个世界。何苦做自己思想的牺牲品呢？思想要真实？那当然！可是干吗说话也要真实呢？既然人类那么蠢，担当不了真理，干吗要强迫他们担当？忍受他们的弱点，面上迁就，心里鄙薄，觉得自己无挂无碍：你岂不得意？要说这是聪明的奴隶的得意也可以。但反正免不了做奴隶，那么即以奴隶而论，还是逞着自己的意志去做奴隶，不必再作那些可笑而无益的斗争。最要不得的是做自己思想的奴隶而为之牺牲一切。一个人不该上自己的当。

《约翰·克利斯朵夫》卷4·第1部

思想好比皮肤上出了麻疹，老是发痒，只有用手去搔，或者到别人身上去蹭，痒才能够减轻些。

《母与子》中·第3卷

思想一直是一种咄咄逼人的行动，是将自己的思想抛出去，打在另一个人身上，而且一定要使这个思想为他人所接受，不论是出于自愿，或者勉强。

《母与子》中·第 3 卷

一个人只要在思想深处保留着自由与真实，即使他罪行累累，也还是没有整个完蛋。虽然他的行动完全在追求可耻的利益，在内心却保留着无私的思想。这种秘密、辽远和主要的无私，最后和对一切的全部无私相融合。

《母与子》中·第 4 卷

思想上的起落，不是自己能控制的事。思想必须服从于指引它的规律，无法预见什么时候和发展到什么程度。思想一直严格地遵循公认的秩序，而不偏离：这也并非总是那么容易，因为浪潮还一味涌现，而这时落潮已经开始，大潮已经后退。

《罗曼·罗兰回忆录》

身体与思想是一对并不迈着同样的步伐前进的双生子。在两者成长过程中，总有一个（并不永远是同一个）在半道上停滞不前，而另一个则大步前进。

《母与子》上·第 2 卷

第六章 关于"自由"

第一节 自　由

　　自由思想的人第一个原则是要了解，要爱；现代的国家把它的铁律去约束自由思想的人简直是罪大恶极，它会因之自取灭亡的。要做皇帝就做皇帝，可不能自以为上帝！他要取我们的金钱性命，好吧，拿去就是。他可没有权利支配我们的灵魂，他不能拿血来溅污它们。我们到世界上来是为传播光明而非熄灭光明的。

《约翰·克利斯朵夫》卷7·第2部

　　可怜的朋友，自由的乐趣，你是不能知道的。那的确值得用危险、痛苦，甚至生命去交换。自由，感到自己周围所有的心灵都是自由的——连无耻之徒在内：那真是一种没法形容的乐趣；仿佛你的灵魂在无垠的太空遨游。这样以后，灵魂再不能在别处生活了。你尽管给我像帝国军营内那样的安全、秩序、完好的纪律，我都认为不相干。我会闷死的。我需要的是空气，是自由，越多越好！

《约翰·克利斯朵夫》卷7·第1部

　　一个人尝到了自由的滋味，简直会牺牲一切。这种自由的孤独，因为是用多少年的艰苦换来的，所以特别宝贵。

《约翰·克利斯朵夫》卷7·第1部

原来世界上只有一般不知道自己所说的东西的人，思想才最自由；因为这样说也好，那样说也好，他们都无所谓。

《约翰·克利斯朵夫》卷5·第1部

个人的绝对自由是疯狂，一个国家的绝对自由是混乱。

《约翰·克利斯朵夫》卷7·第1部

第二节 幸 福

对于一般懦弱而温柔的灵魂，最不幸的莫如尝到了一次最大的幸福。

《约翰·克利斯朵夫》卷6

可怜一个人对于幸福太容易上瘾了！等到自私的幸福变为人生唯一的目标之后，不久人生就变得没有目标。幸福成为一种习惯，一种麻醉品，少不掉了。然而老是抓住幸福究竟是不可能的……宇宙之间的节奏不知有多少种，幸福只是其中的一个节拍而已；人生的钟摆永远在两极中摇晃，幸福只是其中的一极：要使钟摆停止在一极上，只能把钟摆折断……

《约翰·克利斯朵夫》卷8

幸福是在一切圣徒之上的至圣者！但是一个人必须配得上它，才能接近它。祝福那严厉的纪律吧，它使我跟幸福隔离了好久才获得它。

《内心的历程》

我是到神圣的先知跟前去企求愤怒的，他却只愿给我一种庄严的全神贯注的悲愁。

《罗兰与梅森葆的通信》1890年6月25日

那些在生命的空白中有个坚强的种族支持的人，还是幸福的。

《约翰·克利斯朵夫》卷9·第2部

付出重价得来的幸福，只能使人更好地去享受它。

《母与子》上·第2卷

只有一个有限的生命，一条唯一的道路，只要满足单一的需要，这样的人是幸福的。

《母与子》中·第4卷

第三节 友 谊

当一个人有幸在人世间遇见忠诚的性灵，可以分担最亲切的思想，而且彼此已结成兄弟般的情谊，那这种亲密的关系是神圣的，不能在考验的时刻打断它。舆论并没有权利控制心灵，如果谁为了服从它傲慢的命令而懦怯地否认这种友谊，那他就是一个懦夫。

《超越混战》

一个朋友永远不会离开他的友人，除非他的心灵同意时……

《内心的历程》

我永远接近那些不在我眼前的人，对眼前的人们却比较疏远。因为他们的外表很少反映性灵，却大都是横亘在他们和我的性灵之间的纱幕。

《罗兰与梅森葆的通信》1890年8月1日

人生的苦难是不能得一知己。有些同伴，有些萍水相逢的熟人，那或许还可能。大家把朋友这个名称随便滥用了，其实一个人一生只能有一个朋友。而这还是很少的人所有的福气。这种幸福太美满了，一朝得而复失的时候你简直活不下去。它无形中充实了你的生活。它消灭了，生活就变得空虚：不但丧失了所爱的人，并且丧失了一切爱的意义。

《约翰·克利斯朵夫》卷9·第2部

谅解即使不能解决冲突，也许能消除仇恨，而我是把仇恨看作最大的敌人的。

《超越混战》

我有了一个朋友了！……找到了一颗灵魂，使你在苦恼中有所倚傍，有个温柔而安全的托身之地，使你在惊魂未定之时能够喘息一会儿：那是多么甜美啊！不再孤独了，也不必再昼夜警惕，目不交睫，而终于筋疲力尽，为敌所乘了！得一知己，把你整个的生命交托给他——他也把整个的生命交托给你。终于能够休息了：你睡着的时候，他替你守卫；他睡着的时候，你替他守卫。能保护你所疼爱的人，像小孩子一般信赖你的人,岂不快乐!而更快乐的是倾心相许,剖腹相示,整个儿交给朋友支配。等你老了,累了,多年的人生重负使你感到厌倦的时候,你能够在朋友身上再生,恢复你的青春与朝气,用他的眼睛去体验万象更新的世界,用他的感官去抓住瞬息即逝的美景,用他的心灵去领略人生的壮美……便是受苦也和他一块儿受苦!……啊!只要能生死与共,便是痛苦也成为欢乐了!

《约翰·克利斯朵夫》卷7·第1部

朋友的欺骗是一种日常的磨难,像一个人害病和闹穷一样,也像跟愚蠢的人斗争一样,应当把自己武装起来。如果支持不住,那一定是个可怜的男子。

《约翰·克利斯朵夫》卷8

一个人看到所爱的朋友痛哭,怎么能不恨使他痛哭的人?

《约翰·克利斯朵夫》卷8

有人说小小的口角足以维持友谊,其实是错误的。

《约翰·克利斯朵夫》卷2·第2部

他们在研究他们熟悉的对方的面孔,以及生活在那上面造成的变化。这个家宅有多少皱纹呵!但是它增加了一层光与影的涂料,如同古老罗马的那些建筑的门面,反映着时间的冲击以及没有受损伤的抵抗力依然如故的庄严肃穆。两人并不交换他们的思想。

《母与子》下·第4卷

两个心灵,两个世界,它们围绕太阳的轨道互相拥抱在一起,好像结绳者用手织成的网。两种孤寂的处境自己结合在一起，形成节奏，便于呼吸。一个人对人群毫不理解，他感到的是迷失在猴子与老虎出没的丛林中大声呼救的人的孤寂；另一个人什么全理解，他的孤寂是理解得太多的人的孤寂。此人对什么也不坚持不放，可是没有任何人坚持要他这样做。

《母与子》中·第3卷

友谊是吸铁石，必须比铁坚硬，才能够抗拒友谊。

《母与子》中·第3卷

在情谊方面，世界好像是一个小商贩，它只能把情谊零星地出售。

《母与子》上·第1卷

把自己整个儿交给人家，这是不太谨慎的。有一些在推心置腹时所说的私房话，日后有被知己者用来作为武器的危险。

《母与子》上·第1卷

有人向你推心置腹，毫无保留，你能够拒绝这种乐趣吗？这给你的日常生活带来光辉。而这有什么错呢？有什么危险呢？只要你沉住气，能控制自己，而且你所要求的只是做有益的事，有益于对方的事！

《母与子》上·第2卷

在如此贫瘠和妒忌地戒备着的土地上，怎能开放出友谊之花呢？思想藏在一个秘密、深远、模糊不清的远方——一朵凤仙花！

《罗曼·罗兰回忆录》

我希望有这样的眼睛对我说："我不是你！"这就值得我为之痛苦！如果愿望是共同的，这两剑的交叉是两个灵魂的最终拥抱。他们忍受痛苦，彼此是打开对方心灵的美好的万能钥匙。不过这样的斗争不是没有风险的，长矛投向盔甲而自折，却触及肌肤，并在内心留下伤痕。

《罗曼·罗兰回忆录》

友谊是毕生难觅的一宗珍贵财富。

《罗曼·罗兰回忆录》

友谊的快乐与考验，使孤独的心和全人类有了沟通。

《约翰·克利斯朵夫》卷10·第4部

第七章 关于"真理"

第一节 真　理

真理的曙光在慢慢闪现了。如果它克服了黑暗而普照大地呢？把真理掌握在你们手中吧！让它成为我们最坚强的武器！

《超越混战·致我的批评者》

我们自己获得的一半真理也比从别人那儿学来的、像鹦鹉学舌那样背出来的全部真理有价值得多。

《先驱者·托尔斯泰——自由的精神》

我们闭着眼睛而驯服地、恭敬地、奴隶般接受的真理——那绝不是真理，只是一篇谎话。

《先驱者·托尔斯泰——自由的精神》

让我们到处追求真理，让我们在找到真理的花朵或种子的地方把它拣出来，找到了种子，就在风中播扬吧。无论它从何处来，无论它吹向何处，它将苞放萌芽。

《先驱者·托尔斯泰——自由的精神》

我们只崇敬真理，自由的、无限的、不分国界的真理，毫无种族歧视或偏见的真理。

《先驱者·精神独立宣言》

为了爱真理而牺牲别人的幸福，那可不行！那太霸道了！应当爱真理甚于爱己，可是应当爱别人甚于爱真理。

《约翰·克利斯朵夫》卷7·第1部

真理不是由脑子分泌出来的硬性的教条，像岩洞的壁上分泌出来的钟乳石那样。真理是生活。

《约翰·克利斯朵夫》卷7·第2部

一切民族，一切艺术，都有它的虚伪。人类的食粮大半是谎言，真理只有极少的一点。人的精神非常软弱，担当不起纯粹的真理；必须由他的宗教、道德、政治、诗人、艺术家，在真理之外包上一层谎言。这些谎言是适应每个民族而各个不同的：各民族之间所以那么难于互相了解而那么容易彼此轻蔑，就因为有这些谎言作祟。真理对大家都是一样的，但每个民族有每个民族的谎言，而且都称之为理想；一个人从生到死都呼吸着这些谎言，谎言成为生存条件之一；唯有少数天生的奇才经过英勇的斗争之后，不怕在自己那个自由的思想领域内孤立的时候，才能摆脱。

《约翰·克利斯朵夫》卷4·第1部

第一条规则：不再计较那些巨人的原则，那些对任何时间、地点都适用的"强制性的不得反驳的教条"，那些抽象的、尊严的、不容辩论的、永恒的真理。这些真理适用于一切，同时也对什么都不适用。在不停地变换中的世界，一条永不变换的真理是谎话，或者比谎话更不堪：在不能辨别谎话的老实人之中，它是空无一物。

《母与子》下·第 4 卷

真理杀死持有真理的人。

《母与子》中·第 3 卷

爬到最顶的人自然不再想走动。

《搏斗》

大火在房子中心燃烧。人们把伸到外边来的火舌浇灭。可是在整所房子倒塌之前，人们接触不到火堆的中心。

《母与子》中·第 3 卷

为什么一个人用手指接触罪行之后，就会把整只手插进去，原来是为的不再看见这只手。

《母与子》中·第 4 卷

当人们不相信任何东西时，那就到了该送东西给别人的时候。

《母与子》下·第 4 卷

束缚往往使人的幻想更有力量。

《约翰·克利斯朵夫》卷 2·第 1 部

刚在旧的躯壳中蜕化出来的蛹，只知道在新的躯壳中痛痛快快地欠伸舒展，它还来不及认识新的牢笼的界限。

《约翰·克利斯朵夫》卷3·第1部

刚强有力的谎言，就比贫血的真理更能讨群众喜欢。

《约翰·克利斯朵夫》卷7·第1部

一个人为了头脑——头脑又不大——而不惜使心灵萎缩，真是可悲的事。

《约翰·克利斯朵夫》卷7·第2部

一个心中明白的疯子抵得两个。

《约翰·克利斯朵夫》卷8

只要一个人不是傻瓜，成名比不成名显得更空虚。

《约翰·克利斯朵夫》卷8

一朝有人和你说懂得你，你就可以断定他是永远不会懂得你的……

《约翰·克利斯朵夫》卷10·第2部

所有的外形都表达着一个内在的意义，可是大多数人只看外部标记的图形。

《母与子》上·第2卷

永恒存在于片刻之中，正如宇宙存在于个人之中。

《母与子》中·第3卷

金字塔不是从顶上造起的。

《约翰·克利斯朵夫》卷8

可是血，它是不会冻住的！

《罗曼·罗兰回忆录》

第二节 存 在

认识的需要扼杀了存在的需要，但存在对于认识不再有奥秘。

《罗曼·罗兰回忆录》

自身受拘束时，也就拘束了旁边的人。

《母与子》上·第1卷

没有抽象的理念，唯有各种本质的存在。万般皆存在。方式是无数而有限，各种属性的无限性却真正无限；存在的本质就是实体。

《内心的历程》

我已拥抱了存在。

《内心的历程》

人们把"行为"弃在门口，走进去找出"存在"，纯粹的存在，像太阳一样。

《搏斗》

每个人身上都有两种人（我只说"两种"是为了简明些）。一种是本能的人，一种是理智的人。一个具有潜意识，另一个在动荡的人生战场上有意识地努力创造自己的个性。他们永远是分歧的。

《内心的历程》

有人说，人创造了他的规律。何不宁可说是规律创造了人呢？您可能说一个人的规律是他的生活形式。同意！可是为什么他的生活采取了一种形式呢？而没有规律就根本谈不上什么生活。是谁迫使它存在的呢？是某些条件。因而是规律创造了人。

那么是谁创造这些规律呢？是原子的运动或是偶然性的游戏吗？然而是谁创造了原子和偶然性呢？它们从永恒中来。那么永恒又是什么呢？不论宇宙多么浩大，它必须有所开端。如果没有开端，这便是"永恒"存在。如果有所开端，当然还有继续！

《罗曼·罗兰回忆录》

潜伏的意识只能以突然迸发的方式，才能穿过日常生活的表面，像一口自流井内沸腾的水那样冒上来，但也仅仅昙花一现，随即消散了，被张口欲吞的土地吸收了。

《内心的历程》

潜意识一直挣扎着要打开一条河道，通向隐秘的生命，直到一个人完全成长为止，那时生活中不断的打击和摧残已把表面的裂缝给扩大了。

《内心的历程》

第三节　智慧的力量

最伟大的智者懂得怎样把分散或潜伏在全人类性灵中的宝藏拥抱并融合在一个雄健的人格中。

《先驱者·拥护国际精神团结
——拥护世界文明统一》

智者就该证明他能不辜负这天意，无论是什么样的天意。

《内心的历程》

谁愿意孤立，就让他孤立吧！然而智力的共和国正在一天天趋向于扩大自己的疆界。

《先驱者·拥护国际精神团结
——拥护世界文明统一》

智力在一种形式中发挥得淋漓尽致后，便会在另一种形式中追求并找到更完美的表现。

《音乐在通史上的地位》

灵智已获得伟大的胜利，它将永远不会淡忘。它已探索过那道围墙，发现它是多么单薄。它知道在这阻碍物外边有光明在等待。既然它曾在分崩离析的铁栅间挤开过一条出路，那它现在必须加倍努力，找到弱处，以便一劳永逸地铲除每一样障碍。

《内心的历程》

理智是一颗冷酷的太阳，它放射光明，可是教人眼花，看不见东西。

《约翰·克利斯朵夫》卷9·第2部

人的理性在任何地方都是最好的肥皂，可以给人洗手，如果手上沾有污泥或血迹的话；在那些虔诚的隐士训导的同情中，理性能在罪行中占上一席地。隐士们说服自己，杀人的行动无非是被杀者在再生过程中单纯的意外。在某些情况下，这种意外能以有益于身心健康的冲击方式起着作用，把它引导到最好的道路上去。所以这是一种仁慈，它使恶人避免在他的地狱中陷得更深，并且给他以自赎罪行的机会！

《母与子》下·第4卷

第八章 关于"创造"

第一节 天 才

天才的真正作用在于，根据它的内在规律，全部地、有机地创造一个世界。

《罗曼·罗兰回忆录》

我们不能向一个创造的天才要求大公无私的批评。

《托尔斯泰传》

天才是生来需要热情的。便是那些最贞洁，如贝多芬，如布鲁克纳，也永远要有个爱的对象。

《约翰·克利斯朵夫》卷9·第2部

一般天才的通例，尽管有所给予，但他在爱情中所取的总远过于所给的，因为他是天才，而所谓天才一半就因为他能把周围的伟大都吸收过来而使自己更伟大。

《约翰·克利斯朵夫》卷7·第1部

斯宾诺莎之所以能吸引我,并非由于他是一个理性主义者——无论他那辉煌的推理给了我多少美学上的快感——而因为他是一个现实主义者。

《内心的历程》

赋有英雄的天才而没有实现的意志;赋有专断的热情,而并无奋激的愿望:这是多么悲痛的矛盾!

《弥盖朗琪罗传》

人们可不要以为我们在许多别的伟大之处,在此更发现一桩伟大!我们永远不会说是因为一个人太伟大了,世界于他才显得不够。精神的烦闷并非伟大的一种标识。即在一般伟大的人物,缺少生灵与万物之间,生命与生命律令之间的和谐,并不算是伟大,却是一桩弱点。

《弥盖朗琪罗传》

我们当和太容易被梦想与甘言所欺骗的民众说:英雄的谎言只是怯懦的表现。世界上只有一种英雄主义:便是注视世界的真面目——并且爱世界。

《弥盖朗琪罗传》

我称为英雄的,并非以思想或强力称雄的人;而只是靠心灵而伟大的人。好似他们之中最伟大的一个,就是我们要叙述他的生涯的人所说的:"除了仁慈以外,我不承认还有什么优越的标记。"没有伟大的品格,就没有伟大的人,甚至也没有伟大的艺术家,伟大的行动者;所有的只是些空虚的偶像,匹配下贱的群众的:时间会把他们一齐摧毁。成败又有什么相干？主要是成为伟大，而非显得伟大。

《贝多芬传》

不幸的人啊！切勿过于怨叹，人类中最优秀的和你们同在。汲取他们的勇气做我们的养料罢；倘使我们太弱，就把我们的头枕在他们膝上休息一会儿罢。他们会安慰我们。在这些神圣的心灵中，有一股清明的力和强烈的慈爱，像激流一般飞涌出来。甚至无须探询他们的作品或倾听他们的声音，就在他们的眼里，他们的行述里，即可看到生命从没像处于患难时的那么伟大，那么丰满，那么幸福。

《贝多芬传》

一个哲学家、一个思想家或一个作家的影响并不能改变整个时代的全部文学，或使智力在心理、道德、美学和社会研究中转到新的方向。

《先驱者·拥护国际精神团结
——拥护世界文明统一》

大自然不愿意让最优秀的人为最不堪的人去牺牲！

《母与子》上·第2卷

如果我们不敢去冒风险，那就算我们没有种。谁要是在说生命，也就是在说死亡。生与死是每时每刻的决斗。

《母与子》中·第4卷

用一点真理与勇敢的精液，不足以攻取英雄的"我有何知"，在那儿插上自己的旗帜。

《母与子》下·第4卷

英雄就是做他能做的事,而平常人就做不到这一点。

《约翰·克利斯朵夫》卷3·第3部

第二节 创 造

无论男女,只要谁有进取的意志,谁就干得成。

《内心的历程》

创造!创造才是唯一的救星。把生命的残渣剩滓丢在波涛里罢!乘风破浪,逃到艺术的梦里去罢!……创造!

《约翰·克利斯朵夫》卷9·第2部

我们每受一次打击,每造一件作品,我们都从自己身上脱出一点,躲到我们所创造的作品里去,躲到我们所爱的而离开了我们的灵魂中去。

《约翰·克利斯朵夫》卷10·第3部

然而对于某些人,创造的使者只站在门口。对于另一些人,他却进门了。他用脚碰碰他们:

"醒来!前进!"

《内心的历程》

唯有创造才是欢乐。唯有创造的生灵才是生灵。其余的尽是与生命无关而在地下飘浮的影子。人生所有的欢乐是创造的欢乐。爱情,天才，行动——全靠创造这一团烈火迸射出来的。便是那些在巨大的火焰旁边没有地位的——野心家，自私的人，一事无成的浪子——也想借一点黯淡的光辉取暖。

《约翰·克利斯朵夫》卷4·第1部

创造，不论是肉体方面的或精神方面的，总是脱离躯壳的樊笼，卷入生命的旋风，与神明同寿。创造是消灭死。

《约翰·克利斯朵夫》卷4·第1部

一件作品没有完成之前，不能告诉别人；否则你会没有勇气把作品写完；因为那时你在自己心中看到的已经不是你的，而是别人的可怜的思想。

《约翰·克利斯朵夫》卷5·第2部

在地道的法语中，发明就是找到的意思。人们找到他们所发明的；发现他们所创造的，他们所梦想的，他们在梦幻的鱼池中所钓到的鱼。

《母与子》上·第2卷

现实生活，远远不是世界上最富有生命力的现实生活，也许是"可能性"的最可怜的部分。大自然只是创造了"真实"的最低限度。那"创造"的事业有待我们去完成！

《罗曼·罗兰回忆录》

在黑夜中，创造力，这神圣液汁，发射出几条银河。

《母与子》上·第1卷

失败可以锻炼一般优秀的人物，它挑出一批心灵，把纯洁的和强壮的放在一边，使它们变得更纯洁更强壮；但它把其余的心灵加速它们的堕落，或是斩断它们飞跃的力量。一蹶不振的大众在这儿跟继续前进的优秀分子分开了。优秀分子知道这层，觉得很痛苦，便是最勇敢的人对于自己的缺少力量与孤立暗中也很难过。而最糟的是，他们不但跟大众分离，并且也跟自己人分离。大家各自为政地奋斗着。强者只想救出自己。"噢，人哪，你得互助！"他们并没想到这句格言的真正的意思是："噢，人哪，你们得互助！"他们都缺少对人的信赖，缺少同情的流露，缺少共同行动的需要——那是一个民族在胜利的时候才会有的——缺少元气充沛的感受，缺少攀登高峰的意念。

《约翰·克利斯朵夫》卷7·第2部

炽热的火总是在冰下燃烧着，虽然还未能劈开冰层，不过，没有这种炽热的火，冰层永远不会消融。

《罗曼·罗兰回忆录》

鹰的价值是飞翔。为了猛扑，为了使自己的利爪插进活生生的猎获物的兽毛中——这就是现实。

《罗曼·罗兰回忆录》

即使死后，仍然前进。

《母与子·订定本导言》

最强有力的人总是有理的。强大的力量说了算。

《母与子》中·第3卷

人们从这一条锁链中挣脱出来，只是为了被另一条锁链锁住……也许，锁链是必须有的……

《母与子》中·第3卷

火是不需要说话的。谁要是接触到火，火就对他说："燃烧！"

《母与子》下·第4卷

俗话说财富跟着富人跑。同样，力也是跟着强者走的。

《约翰·克利斯朵夫》卷7·第1部

禁欲主义只有对一般没有牙齿的人才配。

《约翰·克利斯朵夫》卷7·第1部

成功的大人物是得力于别人的误解。人家佩服他们的地方正是跟他们的真面目相反的。

《约翰·克利斯朵夫》卷7·第1部

一个人只能为别人引路，不能代替他们走路。各人应当救出自己。

《约翰·克利斯朵夫》卷8

一个人向着目标迈进的时候应当笔直地朝前望着。

《约翰·克利斯朵夫》卷10·第2部

一个人要帮助弱者，应当自己成为强者，而不是和他们一样变做弱者。对于已经做了的坏事，不妨宽大为怀，如果你愿意。对于将做未做的坏事可决不能放松。

《约翰·克利斯朵夫》卷10·第3部

这是唯一的出路。要么从心底喷出来的火苗。要么死去，堕落而死。火苗喷射了，来自生活的两个无尽的源泉：大自然和音乐。

《罗曼·罗兰回忆录》

既然死神大概不要我——而我，在任何情况下都不希望遇见它！——我没有什么选择的余地。那我就要创作。

《罗曼·罗兰回忆录》

一个人怕闹笑话，就写不出伟大的东西。

《约翰·克利斯朵夫》卷4·第1部

一个人创作的动机并不是理智，而是需要。——并且，尽管把大多数的情操所有的谎言与浮夸的表现都认出来了，仍不足以使自己不蹈覆辙，那主要是得靠长时期艰苦的努力的。

《约翰·克利斯朵夫》卷4·第1部

对现实生活之浮泛的甚至深刻的观察都远远不够；一个人必须有诗人的性灵才能看清和体验那应该存在的（并且实在比表面的"现实"真实得多的一切）。——这就是我对音乐性小说的观念。它的魅力和危险都在于它基本上是诗歌。

《罗兰与梅森葆的通信》1890年8月10日

正如南国轻柔的蓝天和神奇的光明，只有诗的氛围才能体现理想的生活——十全十美的生活。

《罗兰与梅森葆的通信》1890 年 8 月 10 日

一个人所写的算不了什么，唯有写作时的愉快或安慰才可贵。

《罗兰与梅森葆的通信》1890 年 12 月 23 日

对于不镇定和不健康的天才来说，创作可能是一种折磨——对一种缥缈理想的辛苦追求。

《莫扎特——根据其书简》

人们理解与否，这有什么关系？只要得到鼓掌，作品就成功了，作曲家也可以自由地创造新作品了。

《莫扎特——根据其书简》

一般小说（小说或剧本，无论哪一种）的素材基本上是由事实组成的。那就是说，或者一个"行动"（如在法国艺术中，从古典悲剧直到当代小说），或者一系列具有逻辑性的行动，它们组成了一个人的生活，或互相交错的几个人的生活（譬如在托尔斯泰宏大的小说中——我是指他过去的笔法）。

《罗兰与梅森葆的通信》1890 年 8 月 10 日

小说家的任务无疑地应该追求那生活的经线，从而能最理想地发展富于诗意的情操的纬线。

《罗兰与梅森葆的通信》1890 年 8 月 10 日

不劳动者没有权利享受，不管是爱情还是面包。这是铁的定律。

假如有些寄生虫侥幸逃避成功,必将自食恶果。偷来的面包塞住了他们的喉咙,使他们乐极生悲,呕吐而死。不!一个人不能单靠面包与爱情为生……他必须工作,必须创造。

《搏斗》

在今天,只有一种事业是神圣的,那就是劳动。所有别的事业,信念与文化、纯理性、社会情况等,一切都必须在有组织的劳动中,在不能动摇的基础上重新开始。

《母与子》下·第4卷

人们登上高地之后,会享受到成功地攀登上崖壁的快乐;回首看一看,脚下是刚才险些要滚下去的深谷,更会享受到艰难跋涉之后肌肉的神圣的疲劳感,敞开胸膛去呼吸高山上的新鲜空气。至于下一步干什么,总会有时间去考虑!

《母与子》中·第4卷

再也没有什么比成功更不可捉摸的了。

《内心的历程》

第三节 行 动

行动要求反对无效的梦幻……

《罗曼·罗兰回忆录》

人之所以称之为人,是他要行动……

《罗曼·罗兰回忆录》

行动，生产，创造……我明白这就是目的，就是生活的法则……我愿意这样做，可是，我能这样做吗？什么时候我才能这样做呢？我如何从啃蚀我的恶习中挣脱出来呢？

《罗曼·罗兰回忆录》

生活何足道！要生活，就必须行动。

《内心的历程》

"播种者庄严的姿态"……是不够的。我们非强迫不可，强迫坚硬的土地，强迫轭下紧张的耕牛，强迫我们的筋骨，强迫我们的心灵。

《搏斗》

行动要不受妨碍，心灵就缺少刺激，不需要活跃了。

《约翰·克利斯朵夫》卷2·第1部

凡是强烈的感情需要行动的时候，都有那种万无一失的本能。

《约翰·克利斯朵夫》卷3·第1部

我现在渴望行动，无论我怎样想，无论将来怎样，我将永远行动——只要我活着。

《罗兰与梅森葆的通信》1890年12月23日

现在我们大家，无论男子或妇女所能及的最强有力的行动只有个人的行动，一个人用行动来影响另一个人，一个灵魂用行动来感化另一个灵魂，用文字、用实践的范例、用整个人格来行动。

《先驱者》

然而"知"并不等于"行"。我们的力量是脆弱的,混乱而矛盾。它还没有足够的时间在长期的纪律性中学习那集中意志的伟大艺术。

《内心的历程》

一个人找到了什么,只要把东西说出来,用不着说出怎样找到的。分析思想是布尔乔亚的奢侈。平民所需要的是综合,是现成的观念,不管是好的是坏的,尤其是坏的,只要能发动人实际去干,他还需要富有生机的,充满活力的现实。

《约翰·克利斯朵夫》卷9·第1部

暴烈而不成熟的行动好比一种酒精:理智尝到了这味道立刻会上瘾,而理智的发展也可能从此不正常了。

《约翰·克利斯朵夫》卷10·第1部

唯有行动是活的,即使那行动是杀戮的时候也是活的。我们在世界上只有两件东西可以挑:不是吞噬一切的火焰,便是黑夜。

《约翰·克利斯朵夫》卷7·第2部

行动是没有时间等待的。行动抓人。被它抓住之后,再也不可能挣脱了!没有任何自己的东西可以保留!每一个动作指挥精神。在面对敌人时,行动要求思想的全部力量。谁要是分散一小部分思想,就有生命危险,而且冒着更大的风险,使他的党派和事业破产的风险。

《母与子》下·第4卷

对直觉的推理思考是事后的好玩的谜语,晚上,人们在休息时,才进行解析。可是在白天，看与行动。看是为了行动。如果你是健康的，这两个行动只是一件事，我们会有时间去理解的！……理解？仿佛目光和手在第一个动作时，一点也没有理解！这是不需要用言语来思考的。

 《母与子》下·第4卷

不管你愿意不愿意，一切都是搏斗。最清晰最坚定的思想不可避免地会左右行动。

 《母与子》下·第4卷

为了使麦子长出来，必须先开垦荒地，清除石块，焚烧荆棘丛，然后用劲压住犁铧，使每条犁沟又直、又长、又深。"播种者庄严的姿势"① 是不够的。必须强迫，强迫抗拒的土地，强迫在犁轭下苦干的牛，强迫耕者的肌肉，追强他的心！……

 《母与子》下·第4卷

把有关的血清注射在自身的血液中，对于一个健壮而均衡的体质，不但不会损害均衡，反而可以使均衡建立在更丰富的因素上。而且对行动也不会有任何损失，它只能变得更坚定，更愉快，这是因为更好地解脱了恐惧和希望。

 《母与子》中·第4卷

---

① 播种者庄严的姿势：诗人雨果著名诗篇《播种的季节——黄昏》中的名句。

第九章　关于"宇宙"

对我来说，大自然一直是万书之本——知识的源泉。

《罗曼·罗兰回忆录》

自然界的和平不过是一个悲壮的面具，面具底下还不是生命的痛苦与惨苦的本相吗？

《约翰·克利斯朵夫》卷9·第2部

有了光明与黑暗的均衡的节奏，有了儿童的生命的节奏，才显出无穷无极，莫测高深的岁月。

《约翰·克利斯朵夫》卷1·第1部

当我看到赤裸裸的大自然而渗入它内部时，我悟到我过去一直是爱它的，因为我那时就认识了它。我知道我一直是属于它的，我的心灵将怀孕了。

《内心的历程》

月亮快要出来了。月亮还远着呢，可是在地平线后边，人们觉得它从黑暗的深渊上升。一道微弱的光给围绕在高坡上的树顶镶了一条花边，好像高脚酒杯的边缘；这些反映在微光中的树峰的侧影，一分钟比一分钟显得更为深黑。

《母与子》上·第1卷

温暖的长宵酝酿着新的雷雨；不稳定的空气，颤动着不安宁的回流，经常不断的纷乱。

《母与子》上·第1卷

善良的自然界中，只要有谁自己露出软弱的形迹，或者有一种牺牲品自己暴露目标，在它周围立刻布满蜘蛛网。在这过程中，丝毫没有曲折，没有任何阴险的手段！这就是善良的大自然。大自然永远在狩猎。而每一个生物，在规定给它的时间内，不是猎人，就是猎物。

《母与子》上·第2卷

我把大地看作一个动物，就像一个活的机体，它的某些部分生了病而且腐烂了，它其余的部分都很健康，而且欣欣向荣。生命（矿物的生命、植物的生命、动物的和人类的生命）就像外表的光辉，它可能熄灭，但是它不会和它的核心分开。是大地在生活，在思想，在行动，为了我们，并由我们掌握这一切。还有一条新的通向上帝的路：这就是和这个世界机体相一致，通过亿万来去匆匆的过客，互相协调，互相斗争，互相丰富。

《罗曼·罗兰回忆录》

不能不认为大自然的拥抱对我是一种消极的精神上的满足。山所赋予我的启示并不是要我忘却世界和行动。它赋予我的是充满活力和斗争的启示。由于山对我是这样，我也正是这样做的。

《罗曼·罗兰回忆录》

每个人在大自然中都能找到他所寻求的东西，都能在大自然中找到内心幽暗深处的他自己，并且设法解放出来。

《罗曼·罗兰回忆录》

人们把运动归咎于大海，人们用它来和静静的山脉作对比……谬见！山脉也有不少运动。一方面是自下而上的冲力——一种比大教堂更为强大的憧憬。另一方面，在晕头转向地堕入深渊在死亡的关口上沉沦。

《罗曼·罗兰回忆录》

我们的生活中没有一件事谈得上自然。独身不是自然的。结婚也不是自然的。自由结合只能使弱者受强者欺侮。我们的社会本身就不是自然的，是我们造出来的。大家说人类是合群的动物。真是胡说！那是为了生存而不得不如此。人的合群是为他的便利，为了要保卫自己，为了求享乐，为了求伟大。这些需要逼他签订了某些契约。但自然会起来反抗人为的约束。自然对我们并不适宜。我们设法征服它。那是一种斗争：结果我们常常打败，而这也不足为奇。怎么样才能跳出这个樊笼呢？——唯有坚强。

《约翰·克利斯朵夫》卷8

宇宙是在运行的。它有它的命运。

《母与子》中·第3卷

当白日回到人间，漠不关心的日光在人们目光中照亮的不是暂时的痛苦，而是和谐。

《母与子》下·第4卷

第十章　关于"秩序"

第一节　民　族

一个伟大的民族不屑替自己复仇,它只会重新建立正义。

《超越混战》

一个民族的政治生活仅仅是它生命的表面;为了探索它内在的生命——各种行动的源泉——我们必须通过文学、哲学和艺术而深入其灵魂,因为这些领域反映了人民的种种思想、热情与理想。

《音乐在通史上的地位》[①]

热情的行动与信仰,竟然把民族逼上了屠杀的路!

《约翰·克利斯朵夫》卷10·第4部

一个民族的生命是有机体,其中一切都休戚相关——经济形态和艺术形态都一样。

《音乐在通史上的地位》

---

① 本文是罗兰所著《昔日音乐家评传》的序言。

一个民族决不能轻易摆脱：质地尽管改变，痕迹始终留着。

《约翰·克利斯朵夫》卷10·第1部

在一个需要理智高于一切的民族，为理智的斗争自然也高于一切的斗争。

《约翰·克利斯朵夫》卷7·第1部

一个民族只要还在把《圣经》作养料，我就不相信他是完全开化的。

《约翰·克利斯朵夫》卷7·第2部

一个人生在一个太老的民族中间是需要付很大的代价的。他负担极重：有悠久的历史，有种种的考验，有令人厌倦的经验，有智慧方面与感情方面的失意，总之是有几百年的生活——沉淀在这生活底下的是一些烦闷的渣滓。

《约翰·克利斯朵夫》卷7·第2部

要使一个民族的心灵改头换面，既不是靠些片面的理由，靠些道德的与宗教的规律所能办到，也不是立法者与政治家，教士与哲学家所能胜任；必须几百年的苦难和考验，才能磨炼那些要生存的人去适应人生。

《约翰·克利斯朵夫》卷4·第1部

一个民族衰老了，自然把意志、信仰、一切生存的意义，甘心情愿地交给分配欢娱的主宰。

《约翰·克利斯朵夫》卷5·第2部

一个强大的民族是不会害怕另一个民族的精神征服的。

《罗曼·罗兰回忆录》

第二节 国　家

国家！谁有权利自封为一个国家的代表？谁能了解一个交战国的灵魂？谁敢向那灵魂中探测一下？那是一个恶魔，由千百万混杂的生命所组成，那些彼此不同互相冲突的生命，向四面八方伸展的生命，然而基本上却像章鱼的触角一般联结着……这是混合了一切本能、一切理智和一切非理智的大熔炉……从深渊中吹起的一阵阵罡风，从汹涌的兽性深处喷出的无形而狂怒的暴力，一种致力于毁灭和自戕的疯狂冲动；乌合之众的粗粝脾胃；畸形的宗教，灵魂的神秘观念，迷恋着无限的扩张，追求着病态的舒慰，想从苦难中、从自己的苦难和别人的苦难中得到欢乐；僭妄而专横的理智，宣称它有权利把自己缺乏然而企望的团结强迫别人去实行；被过去的回忆所煽旺的想象力，闪烁着浪漫的灵光；学院派的正史——"爱国主义"的正史上虚幻的记载，永远准备随风转舵地宣扬勃莱纳斯的"VaeVictis"① 或者"Gloria-Victis"② 的论调。

《先驱者·致各国被杀害的人民》

对祖国的爱不应该强求我憎恨和杀害那些高贵而忠诚的、也爱他

---

① 拉丁文："失败者倒霉"。
② 拉丁文："光荣归于失败者"。

们祖国的心灵。

《超越混战》

世界上还有些东西比国家更重要的,那便是人类的良心。

《约翰·克利斯朵夫》卷10·第1部

不幸的人们!不幸的人们!他们提供给我们的解放,仅仅是肮脏的战争,它使我们沉沦于可耻与无用的痛苦与死亡中,而腰带重新紧束在我们身上。我们的青春带上了镣铐,弯着腰站在拉巴吕①的囚笼里。必须砸烂,砸烂已死的和杀人的秩序,违反人性的秩序,比混乱更虚伪的秩序。必须砸碎这个秩序,另外建立一个更高、更大、更适合于将要来到和已经来到的人的新秩序。我们就是这样的人!我们要空气!更多的空气!扩大善与恶!他们和我们同时成长……

《母与子》中·第3卷

只有我们的精神是自由的。我们的身体是带着枷锁的。我们生活在社会的框子中,必须接受一个秩序。我们不能摧毁这个秩序,否则就会摧毁自己。即使这个秩序是不公正的,我们只能判断它,但是必须服从它。

《母与子》中·第3卷

宁愿要宇宙间的秩序而不顾人类的利益,宁愿安静地观赏世界而不愿为了反对当前的恶事采取危险的行动!对于歌德是允许的事,对于我们是不允许的。永恒的秩序对我们说是不够的。我们呼吸在人间

---

① 15世纪法国人,曾因政治问题,被法王路易十一囚禁十余年。

的秩序中。当这个秩序被非正义行动所恶浊化了的时候，我们的责任就是击碎玻璃窗，使人们可以呼吸。

《母与子》中·第3卷

一匹骏马从来不原谅愚蠢的骑者为了姑息它，不给它束紧肚带。

《母与子》中·第4卷

要想公众跟你走，必须牵住他们的鼻子。

《母与子》中·第4卷

在上帝与自由良心之间，绝无理由把国家拉来代替宗教。

《约翰·克利斯朵夫》卷8

第三节 权 利

权利，这是人的虚构，人和他的社会编造的！这是造反的奴隶在不可原谅的战争中高举的红旗。这个造反的斗争自从普罗米修斯[①]以来，结果总是被粉碎！这是强者的伪善，强者粉碎已被打倒的弱者，直到强者自己也被别人打倒。面对自然界，权利是不存在的。

《母与子》中·第3卷

今天，不公正（如果还是公正与不公正的问题）在于特权者享有权利。而一般的权利是不存在的。一个人没有任何权利，什么都不属

[①] 希腊神话中的英雄人物。由于盗天火给人类，而受大神的重罚，永远被锁在高山上。

于他。他必须每天重新征服每一件东西。这是规律："你必须汗流满额，才得糊口"。① 权利是那些精疲力竭的战斗者的狡猾的发明，借以批准他们过去的胜利所获的战利品。

《母与子》上·第2卷

所谓"权利"，不过是昨日的力量在积储它的收获。但是活的权利，唯一的权利，是劳动。

《母与子》上·第2卷

第四节 和 平

从呼喊的深渊中，从一切憎恨的深渊中，我要向您高歌，神圣的和平。

《和平的祭坛》

和平，你是神圣的音乐，你是解脱的心灵的音乐；苦，乐，生，死，敌对的民族与友爱的民族，一齐交融在你身上……噢！我爱你，我要抓住你，我一定能抓住你……

《约翰·克利斯朵夫》卷7·第2部

真正的和平要求首先消灭战争的元凶们。要消灭他们，必先攻破他们的一座座巴士底狱。

《母与子》下·第4卷

---

① 语出基督教《圣经》。

和平不仅是不打仗而已，这是灵魂的力量中产生的一种品德。

《母与子》中·第3卷

和平在战争中。

《母与子》下·第4卷

第五节 战 争

战争？好呀，让它来吧！战争、和平，一切都是生活，一切都是生活的竞赛……我将参加这场竞赛！……

《母与子》上·第2卷

一切都是战争，戴假面具的战争……我一点也不怕你露出真面目来！

《母与子》中·第3卷

人们从自然方面接受下来的各种必要的东西之中，包括生命的谜一般的野蛮本能，战争并非其中最荒诞最残酷的一种。

《母与子》中·第3卷

通过可怖的转化，在哭红的眼睛中，在慌乱的心中，血肉模糊的战场变成神坛，祭坛上的圣杯盛满污泥与黄金、哀痛与光荣，神圣血液的献祭仪式已经告成。

《母与子》中·第3卷

战争不是文学。

《母与子》中·第3卷

当人们把全部的恶都放在敌人一边，全部的善都放在自己一边，战斗是很容易的。

《母与子》中·第3卷

反对这股力量，需要一股更强的力量，而不是软弱，不是放弃。

《母与子·订定本序言》

一个人要拯救自己，必须先拯救社会的本身，或是与它同归于尽——但，那些生长在没落的民族和时代里的天才们又如何呢？是的，他们是船沉时抛到海里的瓶子，当一切希望都丧失的时候，这是最后的求援！但，即使是这样罢，也必须有一个求援的办法抛下去！

《搏斗》

孩子长大了，他需要更大的衣服。战争和世界革命的世纪中的幼者的世界，正在胀破所有的纽扣，所有的鞘套，神祇，法律以及此前束住它的四肢的疆界。在升起的时候，他岂不曾撞痛了头，才得冲出旧太阳系宇宙的屋顶，穿过银河的云层，而且一眼扫尽别些行星，披风的头发，伟大的螺旋形星云的精液之滴，像海底的水母一样。社会的动荡，以及到处摧毁着古城的标准的攻城炮的轰击，又怎吓得倒这精神？

《搏斗》

对于人们，暴力是太强烈的酒浆，一小杯就足以使他们失掉控制理性的力量。

《搏斗》

仇恨是由战争的创伤所造成的传染病，它对那些怀恨的人和被恨的人都同样有害。

《超越混战·致我的批评者》

艺术和文学只不过常常做了刺激罪恶的帮凶，科学却为战争供给武器，而且竭尽全力使它们变得更毒辣，扩大了苦难和残暴的范围。

《先驱者·拥护国际精神团结
——拥护世界文明统一》

他已经回到大地中去了——那属于他的大地，他所隶属的大地。他们又互相占有了，就在此刻，他的精神在使大地温暖而富于人情。在他坟墓上滚滚而流的鲜血之下，未来的和平与新生命的萌芽已在茁生了。若莱士和古代的海拉克里特一样，有一个心爱的常常涌现的思想，认为什么都不能阻挡万物的流动，"和平只是战争的一面或一种形态，战争也只是和平的一面或一种形态，今日的冲突即是明天融洽的开端"。

《超越混战》

我不喜欢人道主义和这种"人道"，所有这些空洞的谎言，这些意识形态，这些字句上的幻想。我看见的是人，许许多多的人。大群绵羊在逡巡，互相紧紧地挤着，互相碰撞着。它们转到右边、左边、前边、后边，同时它们的蹄子扬起思想的灰尘。我在他们的、我们的、全天下的生活中，看到一场悲喜剧，剧的结局还没有写出来，戏的情节由领导突出的意志坚强者即景生情，陆续编写。我是突击队的成员。我是被指定的……这件事关系到我的自尊心。不论我所参加的战斗队胜利或失败，我将干到底，毫不动摇。

《母与子》中·第3卷

这是一种陶醉，好比在爱情中双方拥抱之前的陶醉……什么样的拥抱！可怕的骗人勾当！……一切都是骗人的勾当。爱情也是。爱情把我们当牺牲品。为了后代，为了未来而牺牲。但是这个陶醉，这个对战争信念的陶醉，它的目的是什么？它为了什么，为了谁而牺牲我们？当我们醉醒之后，开始这样问自己，而牺牲却已成为事实。整个身体被卷入齿轮中，剩下的只有灵魂，精疲力竭的灵魂。用没有躯体的灵魂，和身体对立的灵魂，我们能够干什么呢？自己折磨自己？有许多别的刽子手，已经够折磨我们的了。我们能做的只是瞪眼瞧瞧，知道是这么回事，并且低头接受。我们跳了一大步。我们做了大傻瓜。一！二！前进！一直走到底。

《母与子》中·第3卷

年青的欧罗巴燃烧着战争的狂热，将鄙夷地冷笑，像年轻力壮的狼一般露出毒牙。可是当它发泄了过度的狂热，满身创伤，对自己贪婪的英雄精神不再那么自负时，它又会清醒的。

《超越混战》

战争是有这种特权，能在最平凡的心灵中激发一个民族的天才，它会在血的洗礼中荡涤一切渣滓，它会把一个鄙吝的农民或一个懦怯的小市民的灵魂锻炼成钢，它会使人成为伐尔美的英雄。①

《超越混战》

在战争的欢乐之后，是宗教的醉意；随后又是神圣的宴会，又是爱的兴奋。整个的人类向天张着手臂，大声疾呼地扑向"欢乐"，把它紧紧地搂在怀里。

《贝多芬传》

在将要来到的战斗中，但愿我有幸牺牲自己，而不牺牲别人的生命，为了减轻世人的痛苦，为了保卫被压迫的人们！……

《母与子》下·第4卷

不顾一切的牺牲，不论为最恶劣者或为最优秀者而牺牲，也许更乐于为最恶劣者牺牲，因为那样的牺牲更彻底。

《母与子》上·第2卷

一个被战争攻击的伟大国家不但要保卫自己的边疆，并且要保卫自己清明的见识。它必须保卫自己，不被这灾祸引起的种种妄想、愚蠢和不正义的行动所侵害，必须各尽其责；军队得捍卫祖国的土地，思想家得捍卫它的思想。

《超越混战》

大地上最灿烂的天才，如华尔德·惠特曼和托尔斯泰，在欢乐和

---

① 1792年法国大革命时，普鲁士乘机侵略，攻占凡尔登（Verdun）堡垒，长驱直入，形势危急，终于伐尔美一役被英勇的革命军挡住，击退。

苦难中高唱世界大同；不然就像我们拉丁民族的智者，用他们的批判刺破那些使人与人、民族与民族互相隔阂的憎恨和愚昧的偏见。

《超越混战》

战争是由于各国的软弱和愚蠢而发生的。

《给葛哈特·霍普曼的公开信》

在跌倒的军队之上，兵士们的仁爱以及他们所尽忠的祖国的幻象都飞散了——在这些正在消逝的生命之上，他们所担荷的千百年来艺术和思想的神圣方舟也消逝了。担荷的人可以变换。但愿这方舟不要受难！保护它的任务落到了全世界优秀人们的肩头。

《保卫家园》

无论胜利或泯灭，生存或死亡，欢呼吧！就像你们中间一个人在可怕的离别时拥抱着我所说的："用一双干净的手和一颗纯洁的心去战斗，用自己的生命去发扬神圣的正义，这真是优美的事情。"

《超越混战》

在战斗之前便退缩，则是一颗怯懦的心。

《罗曼·罗兰回忆录》

暴力是一种烈酒，许多人喝了都受不了。只喝一杯，足够使人丧失对理性的控制。

《母与子》下·第4卷

一个人不去制服他的敌人，便是自己最大的敌人。

《约翰·克利斯朵夫》卷7·第2部

杀掉一个暴君不是杀了一个人而是杀了一头人面的野兽。一切暴君丧失了人所共有的同类之爱，他们已丧失了人性；故他们已非人类而是兽类了。他们的没有同类之爱是昭然若揭的；否则，他们决不至掠人们所有以为己有，决不至蹂躏人民而为暴君。……因此，诛戮一个暴君的人不是乱臣贼子亦是明显的事，既然他并不杀人，乃是杀了一头野兽。

《弥盖朗琪罗传》

第十一章　关于"艺术"

第一节　音　乐

音乐是心灵的镜子,而且是铁面无情的镜子。

《约翰·克利斯朵夫》卷4·第1部

音乐的座谈室已经太多了,制造和弦的铺子也太多了!所有这些像厨子做菜一般制造出来的和声,只能使他看到些妖魔鬼怪而绝对听不见一种有生命的新的和声。

《约翰·克利斯朵夫》卷5·第1部

这种境界,是一般爱好音乐的人,尤其是年轻而尽情耽溺的人所熟知的:音乐的精华主要是由爱构成的,所以一定要在别人心中体验才能体验得完满;唯其如此,音乐会中常常有人不知不觉地四处窥探,希望能在人堆里找到一个朋友,来分享他自个儿担受不了的喜悦。

《约翰·克利斯朵夫》卷5·第2部

音乐对于一般没有感觉的人是不会变得危险的。

《托尔斯泰传》

音乐是现代许多强烈的溶解剂的一种。那种像暖室般催眠的气氛，或是像秋天般刺激神经的情调，往往使感官过于兴奋而意志消沉。

《约翰·克利斯朵夫》卷 6

音乐最容易暴露一个人的心事，泄漏最隐秘的思想。

《约翰·克利斯朵夫》卷 7·第 1 部

一个民族的音乐决不是一朝一夕所能建立起来的。

《约翰·克利斯朵夫》卷 8

一个艺术家每隔多少时候就得把他的调色板充实一次。一个音乐家的营养决不能以音乐为限。一句说话的抑扬顿挫，一个动作的节奏，一个笑容的和谐，都可以比一个同业的交响乐给你更多的音乐感应。

《约翰·克利斯朵夫》卷 8

音乐使心灵狂热地需要爱，使它觉得周围的空虚，然后又提供许多幽灵似的对象来填补这空虚。

《约翰·克利斯朵夫》卷 1·第 3 部

对一个天生的音乐家，一切都是音乐。只要是颤抖的，振荡的，跳动的东西，大太阳的夏天，刮风的夜里，流动的光，闪烁的星辰，雷雨、鸟语、虫鸣，树木的呜咽，可爱或可厌的人声，家里听惯的声响，咿咿呀呀的门，夜里在脉管里奔流的血——世界上一切都是音乐；只要去听就是了。

《约翰·克利斯朵夫》卷 1·第 3 部

音乐之爱抚慰着各种痛苦。

《罗曼·罗兰回忆录》

音乐具有最深的、最富有宗教色彩的爱——不论以何种形式表现的艺术都是如此。

《罗曼·罗兰回忆录》

我贪婪地从我的山峰，我的贝多芬和瓦格纳交响乐的灵感中吸取我所能吸取的力量。我饮着伟大逝者的血。可是我需要活人的血、需要友谊、爱情，这些我都一无所有，我向它们张开双臂。

《罗曼·罗兰回忆录》

噢！音乐，打开灵魂的深渊的音乐！你把精神的平衡给破坏了，在日常生活中，普通人的心灵是重门深锁的密室。无处使用的精力，与世枘凿的德性与恶癖，都被关在里面发锈；实际而明哲的理性，畏首畏尾的世故，掌握着这个密室的锁钥。它们只给你看到整理得清清楚楚的几格。可是音乐有根魔术棒能把所有的门都打开，于是心中的妖魔出现了，灵魂变得赤裸裸的一无遮蔽。

《约翰·克利斯朵夫》卷9·第2部

假如一个人同意巴赫的话，以为音乐是一种交谈（在一部分或几部分中），那我看到贝多芬具有每一种丰满的诗意的想象力，我看到情感的深度、英雄主义的精神、表现时热烈的风格、高超而猛烈的鄙夷的感情——可是我看不到优雅的情趣、纤柔的灵智或者均衡感。

《罗兰与梅森葆的通信》1890年9月24日

由于音乐的深度与天籁，它常常首先标志了某种趋势，以后才化为文字，然后再形成行动。

《音乐在通史上的地位》

在某些场合，音乐甚至是一种从未表达出来的、整个内心生活的唯一见证。

《音乐在通史上的地位》

音乐给我们显示了：生命在表面的死亡下继续奔流，一种永恒的精神在世界的废墟中百花齐放。

《音乐在通史上的地位》

音乐是一种个别的意识形态，只要有一个灵魂和一种声音就能使它表现。一个处在毁灭和悲惨之中的不幸的人仍然可以在音乐或诗歌中创造杰作。

《音乐在通史上的地位》

音乐使那些对它没有感情的人觉得惶惑，他们感到这是一种莫名其妙的艺术，不可理解，同现实毫无关系。

《音乐在通史上的地位》

这种以为音乐是如此虚无缥缈的看法是不正确的，因为无疑地，它和文艺、戏剧以及特定时代的生活都有密切关系。所以任何人都不会不明白：一部歌剧的历史会对社会的习俗和风貌有所启迪。其实，每一种音乐形式都与某种社会形态有关，使它更容易被人理解；同时，在许多场合，一部音乐史是同别的艺术史密切联系的。

《音乐在通史上的地位》

在研究各种造型艺术的历史时，关于音乐史的知识是必需的。

《音乐在通史上的地位》

每一个时代的人们都说音乐已经达到了顶点，此后唯有衰落了。然而，每一个时代都有自己的音乐；而且每一个文明的民族总有一段时期产生过自己的音乐家——甚至我们通常认为最缺乏音乐天赋的民族，譬如英国，在1688年的资产阶级革命之前，也是一个伟大的富有音乐传统的国家。

《音乐在通史上的地位》

某些历史条件对音乐的发展比较有利，有些则较差，故而在某些场合，音乐的蓬勃滋长似乎自然而然与别种艺术的消沉同时发生，有时甚至跟一个国家的不幸有连带关系。

《音乐在通史上的地位》

音乐虽然可以说是个别的艺术，却也是社会性的艺术；它可以从沉思与哀愁中产生，但也能从欢乐中、甚至从轻佻中产生。它能使自己适应一切民族和一切时代的性质。当我们知道了音乐的历史和千百年来它所变换的各种形式时，我们就不会对爱美的人们给它所下的各种矛盾的定义感到诧异了。某人可以称它为流动性建筑，另一个人称它为诗的心理学；某人把它看作轮廓鲜明的造型艺术，另一个人认为它纯粹是表达性灵的艺术；对于某一位理论家说来，旋律是音乐的本质，对于另一位则和声是它的本质。事实上确然如此，他们的意见都不错。

《音乐在通史上的地位》

基督教在成长过程中使音乐的力量为自己服务，利用它来征服灵魂。

《音乐在通史上的地位》

生命飞逝。肉体与灵魂像流水似的过去。岁月镌刻在老去的树身上。整个有形的世界都在消耗，更新。不朽的音乐，唯有你常在。你是内在的海洋。你是深邃的灵魂。在你明澈的眼瞳中，人生决不会照出阴沉的面目。成堆的云雾，灼热的、冰冷的、狂乱的日子，纷纷扰扰，无法安定的日子，见了你都逃避了。唯有你常在。你是在世界之外的。你自个儿就是一个完整的天地。你有你的太阳，领导你的行星，你的吸力，你的数，你的律。你跟群星一样的和平恬静，它们在黑夜的天空画出光明的轨迹，仿佛由一头无形的金牛拖曳着银锄。

《约翰·克利斯朵夫》卷 10

整个宇宙是一曲巨大的、难得的音乐，由此而迸发的难以计数的和声，就像一个熟透了的石榴发出的声音。

《罗曼·罗兰回忆录》

在所有古罗马时代的艺术遗产中，唯有音乐不仅在蛮族入侵时期保持了完整的风貌，甚至更活力充沛地发展。

《音乐在通史上的地位》

在我们现代人看来，表现大自然和热情是 16 世纪音乐界的文艺复兴运动的特点，而这些大概也是音乐艺术的特征。

《音乐在通史上的地位》

　　想到音乐永恒的苞放是令人欣慰的，这在普天下的动荡不安中宛如一位和平使者。

《音乐在通史上的地位》

　　没有比不断喷涌的音乐源泉更能使我们感到这句话的真理；这泓泉水在世纪的长河中流淌着，如今已汇成一片汪洋了。

《音乐在通史上的地位》

　　音乐是生活的绘画，但必须描绘优雅的生活。而歌词与旋律，虽说是心灵的反映，却应当使心灵入迷，而且不伤脾胃，不"刺耳"。

《莫扎特》

　　由于我的音乐感充满了我的生命，它并非来自音乐家身上，而是首先并高于一切地来自大自然，我才得以把这些音乐家蕴藏在我心中。这些树木、群山、原野的音乐，我都一一记载在青年时代的手迹中了。听觉的影响多半是来自我对大自然狂热而贪婪的欣赏。

《罗曼·罗兰回忆录》

　　用每一种可能的名词去称呼音乐是完全正确的；因为在某些盛行建筑的时代，对于某些擅长建筑的民族，譬如十五和十六世纪的法兰西——古比利时人，音乐就是声音的建筑。对于能欣赏并景仰形式的人，对于有绘画及雕刻天才的民族，譬如意大利人，那它也是构图、线条、光影和造型美术。对于诗人和哲学家们，譬如德国人，那音乐是内心的诗、抒情的奔放和富于哲理的冥想。它能适应一切社会条件。在法兰西斯一世[①]和查理九世[②]统治时期，它是典雅而充满诗意的艺术，在宗教改革时代是为了信仰与战斗的艺术；在路易十四统治下是矫揉造作的、高贵而傲岸的艺术；到了十八世纪则成为沙龙艺术。而后又成为革命者的抒情表现，以后要成为未来民主社会的呼声，正如它曾经是昔日贵族社会的声音。没有任何公式可以概括。它是世纪之歌、历史之花。它从人类的悲怆中成长，也从人类的欢乐中滋生。

《音乐在通史上的地位》

音乐性小说的素材却必须是情操，而且顶好具有最普遍、最富于人性的形式，足以表达所有的强度。这种音乐性小说不应该像目前流行的说法那样从心理方面分析这些情操的形态（那应该留给文艺批评与哲学），而应该赋予他们生命，这生命可以披上这种或那种表象，演化为这个或那个人物，但人物之所以出现只是为了代表这种情操，使它人格式，使它活跃，做它的主宰或牺牲品。所有这音乐性小说的各个部分必须源自同一个强有力的放之四海而皆准的情操[③]。正如一阕交响乐是由几个表达一种情操的音符所组成，并在乐曲的其他部分中向各方面发展，昂扬腾达，或者泯灭——所以这种小说也必须是一种情操的自由苞放，因为这是它的灵魂和精髓。

《罗兰与梅森葆的通信》1890年8月10日

[①] 16世纪前期法国君主，因注重优雅的仪态，称为"有君子风度的国王"。
[②] 法兰西斯一世的孙子，统治时期是1560—1574年。
[③] 这些理论与席勒的使人物概念化的艺术手法极相似。

第二节 艺 术

艺术犹如生活，是发掘不尽的。

《音乐在通史上的地位》

牺牲，永远把一切人生的愚昧为你的艺术去牺牲！艺术，这是高于一切的上帝！

《贝多芬传》

艺术所赖以活跃的思想只是最狭隘的。

《托尔斯泰传》

在远离穷人的时候，艺术变得贫弱了。

《托尔斯泰传》

如果我们为了崇拜神的各种气质而兴建庙宇，我希望造一所给凌驾万物的"冷蔑"，里面密布着米凯·昂琪罗的作品。

《罗兰与梅森葆的通信》1890年4月7日

在艺术中，一如在生活中，我只爱我的友人，而我的敬佩是不值钱的。——因为天下可佩的作品真所谓汗牛充栋哩。

《罗兰与梅森葆的通信》1890年6月29日

假如温柔不被强力所抵消，艺术就会受到潘鲁吉雅①风格的威胁，人生也有变成一株酣睡的植物的大危险。做一朵花是美好的，但要是能够的话，也许做一个人更好。

《罗兰与梅森葆的通信》1890年7月2日

我在艺术中只承认两条真实的道路：文艺复兴初期那种豪迈的坦朗，以及古希腊时代高贵的谦逊与和谐的美。那是唯一的贵族，其他都是庸俗的资产阶级。

《罗兰与梅森葆的通信》1891年3月24日

我的艺术并不折磨我。假如我活着，它将存在。批判它的好坏是别人的事。但只要我存在一天，它也将存在——我的艺术没有问题；唯一的问题是得认清我自己、我的生命和我个人的灵魂是否会幸福。

《罗兰与梅森葆的通信》1891年5月30日

我相信艺术应该像自然，它应该满足一切阶层和一切人的需求和企望②。而且我充分了解：当一个理想的人类社会在神奇而美丽的自然环境中过一种真正艺术性的生活时，艺术必将消失。

《罗兰与梅森葆的通信》1890年8月23日

我不但景仰意大利文艺复兴运动中丰富的题材，而且景仰它丰沛的生活。那奇妙的时代不仅是各种传奇式和戏剧性阴谋的宝藏，而且是激情的醉人的源泉。生活如大江，挟着辉煌的自由与丰满的气魄，

---

① 拉斐尔以后恩波黎亚画派最主要的代表（约1450—1524），富于空想及神秘主义的倾向。
② 托尔斯泰在《什么是艺术》第19章中说过类似的话，见《托尔斯泰论文学》第470页（俄文版）。

奔流泛滥。健康而灿烂的生命，恣意活跃。

《罗兰与梅森葆的通信》1890年9月14日

一个人为了这人间而受苦，同时又操纵着艺术时，他就忽然会感到需要通过艺术而征服这人间。一个人在通过欢乐或哀愁——不管哪一种——而对生活发生兴趣以前是不会感到这种需要的。

《罗兰与梅森葆的通信》1890年10月11日

世界上减少一件艺术品并不能多添一个快乐的人。

《约翰·克利斯朵夫》卷9·第1部

一笔钱跟一件艺术品根本是不相干的，艺术品既不在金钱之上，亦不在金钱之下，而是在金钱之外。

《约翰·克利斯朵夫》卷9·第1部

最高的艺术，名副其实的艺术，决不受一朝一夕的规则限制；它是一颗向无垠的太空飞射出去的彗星。

《约翰·克利斯朵夫》卷9·第2部

艺术是人类反映在自然界的影子。

《约翰·克利斯朵夫》卷10·第4部

唯有跟别人息息相通的艺术才是有生命的艺术。

《约翰·克利斯朵夫》卷8

倘使艺术没有一桩职业维持它的平衡，没有一种紧张的实际生活作它的依傍，没有日常任务给它刺激，不需要挣取它的面包，那么艺术就会丧失它最精锐的力量和现实性。它将成为奢侈的花，而不再是——像一批最伟大的艺术家表现的——人间苦难的神圣的果子。

《约翰·克利斯朵夫》卷8

艺术不应当成为幻想，应当是真理！真理！我们得睁大眼睛，从所有的毛孔中间去吸取生命的强烈的气息，看着事实的真相，正视人间的苦难——并且放声大笑！

《约翰·克利斯朵夫》卷4·第3部

在我设想的戏剧中，根本的思想都是长篇史诗。为了歌颂长篇史诗，光有一种宽宏的思想是不够的，还需要有一种宽大的胸怀。

《罗曼·罗兰回忆录》

从本质来说，一切只能对一个阶级说话的戏剧，是不好或不正常的（也可能有天才的例外）。为平民写的戏剧是情节剧。为资产阶级写的是喋喋不休的生意经，辩护词，教训人的论文，矫饰的英雄主义和小资产阶级虚伪的道德。为血统贵族和精神贵族写的戏，在最好的情况下只能成为知识上的、精神上的精品，没有热情，没有生命，有时甚至没有心灵。这些戏中的每一个——极少例外——都是不完整的，因而是假的，是不健康的。只有真理才是健康的。只有全部真理才是真实的（谎言是真理的一部分）。为了使艺术恢复它的健康，必须向所有的人说话，一种所有人都懂的语言；艺术必须掌握整个人类。

《罗曼·罗兰回忆录》

艺术创作的范畴并不限于"真实"（就这个词的通俗含义而论）；它可以延伸到"可能性"。对创作者来说，一切可能的都是真实的，比起真实来，它有更多的理由存在，它实质上更富有生命力。英雄比街上的行人更真实。

《罗曼·罗兰回忆录》

　　艺术是自身满足。它属于它自己，属于整个道德，整个善良和整个上帝。当然，它必须是真正的艺术！一个优美的短句并不是艺术，一抹美妙的线条并不是艺术。这是有形的标志，无形的艺术通过它表现出来。艺术在艺术家的心里。

《罗曼·罗兰回忆录》

　　艺术的领域是永恒的。艺术运用的形式和体现的热情是表现不朽的内心深处的符号。

《罗曼·罗兰回忆录》

　　近代的进化规律表明人民地位的上升。艺术的规律是重新回到产生艺术的人民身上，是使人民融合在艺术中，并联合全民族一切被各种习惯势力分开的阶级，习惯势力只能造成谎言与欺骗。

《罗曼·罗兰回忆录》

　　文学艺术的真正的人民形式是戏剧，从广义上来说，也就是舞台艺术。这是直接向社会上的人，向个人同时向人类讲话的唯一形式。

《罗曼·罗兰回忆录》

　　世界上有着丰富多样的观点，尤其是对艺术，这些观点并且掺有很多强烈的爱好。

《罗曼·罗兰回忆录》

我已具备了这种才能，它就像横幅展示在宫殿墙上，像旗帜竖立在城市大广场的铜像或石像上。阳光下的艺术！照亮所有人的艺术阳光。艺术为了人民，艺术属于人民。

《罗曼·罗兰回忆录》

真正的观众是人民，至于其他的，我很少考虑。

人民不会来到艺术剧场。现代艺术一点都没有考虑到人民。必须建立一种属于人民的艺术。

《罗曼·罗兰回忆录》

我预见到革命的艺术必然要出现，我为21世纪所设想的艺术："生活是严肃的，艺术是安详的。"[①]

《罗曼·罗兰回忆录》

为艺术而艺术！……多么堂皇多么庄严的信仰！但信仰只是强者有的。艺术吗？艺术得抓住生命，像老鹰抓住它的俘虏一般，把它带上天空，自己和它一起飞上清明的世界！……那是需要利爪，需要像垂天之云的巨翼，还得一颗强有力的心。

《约翰·克利斯朵夫》卷5·第1部

艺术不是给下贱的人享用的下贱的勾秣。不用说，艺术是一种享

[①] 瓦伦斯坦的序曲。——原注

受，一切享受中最迷人的享受。但你只能用艰苦的奋斗去换来，等到"力"高歌胜利的时候才有资格得到艺术的桂冠。艺术是驯服了的生命，是生命的帝王。

《约翰·克利斯朵夫》卷5·第1部

当我希望在艺术上有所表现之前，我主要的艺术观念已经形成："即使不能使人变得更好，也要更活跃，——为了激发感情，不论是好的或坏的！只要它能使人生的本义发出光芒……"

《罗曼·罗兰回忆录》

可以肯定地说：要是没有歌剧，我们连那个世纪中一半的艺术心灵都不大会认识，因为那样我们只能看到它智力的一面。唯有通过歌剧，人们才能深入体味当时耽于肉欲的风气，以及富于性感的幻想和感伤的享乐主义。

《音乐在通史上的地位》

艺术是人类的梦想——关于光明，自由和宁静的力量的梦想。这一梦想的线索从未断过，将来也不必怕它中断。

《音乐在通史上的地位》

政治和社会的历史包含了永远不断的冲突，人类在其中奋勇向前，而结局是相当渺茫的，每一步都有阻碍，必须用不顾一切的毅力，一一加以克服。而从艺术史中，我们却可以获得一种丰满与和平的性质。在艺术领域中是不会想到进展的，因为无论回顾得如何遥远，始终会发现前人已经达到至善至美的境地。

《音乐在通史上的地位》

我认为必须对所有艺术形态作比较的历史研究，作为一切通史的基础。抹杀一种形式就有使整个画面模糊的危险。历史应该拿人类精神的生机勃勃的统一性作为研究的目标，它应该使人类所有的思想保持密切联系。

《音乐在通史上的地位》

一般讲来，造型艺术需要奢华和悠闲的条件、优雅的社会以及某种文明的平衡，才能充分发展。可是当物质条件变得艰苦时，当生活中只有痛苦和饥馑，并且充满着忧患时，当向外发展的机会被剥夺时，那时心灵不得不收敛，然而它又永远需要幸福，就被迫着去找别的出路。于是它改变了表现美感的方式，采取比较内向的性质，在更亲切的艺术，譬如诗和音乐中探求庇护。

《音乐在通史上的地位》

在艺术中，犹如在别的一切中，我喜欢挑选最精美的。……当我被一个主题吸引时，我一开始就描写主要的情景并沉醉在里面，得到很多愉快，以致后来其他一切都显得很贫乏了。

《罗兰与梅森葆的通信》1890年10月11日

各种艺术之间并不像许多理论家所声称的那样壁垒森严；相反的，经常有一种艺术在向另一种艺术开放门户。各种艺术都会蔓延，在别的艺术中得到超绝的造诣；智力在一种形式中发挥得淋漓尽致后，就会在另一种形式中追求并找到更完美的表现。

《音乐在通史上的地位》

艺术的伟大意义的本质是在于它能显示灵魂的真正感情、内心生活的奥秘以及热情的世界,后者在涌现到表面之前已经在性灵中积累和酝酿了好久了。

《音乐在通史上的地位》

　　假如理想的艺术一旦使我忘记心里的——我心里的——欢乐与苦难时,到那一天,我将轻蔑地摔掉艺术,我将把它留给福楼拜作零钱①;假如艺术不把它的根深深地扎在我们的苦难或狂热的血肉中,假如它不是从我们的欢乐与哀愁中滋生的花朵,那我跟它还有什么相干?

《罗兰与梅森葆的通信》1891年6月1日

第三节　艺术家

　　一个艺术家应当把他的才气抓在手里,不能随便挥霍。

《约翰·克利斯朵夫》卷9·第2部

　　孤独是高尚的,但对于一个从此摆脱不了孤独的艺术家是致命的。

《约翰·克利斯朵夫》卷10·第1部

　　一个艺术家只要还能帮助别人的时候,决不该独善其身。

《约翰·克利斯朵夫》卷10·第2部

---

① 福楼拜以细致的心理刻画及刻意求工的文笔著称;他的技巧是精练的,但形式主义的倾向使他的视野狭窄、情感淡漠、艺术手腕拘谨;故罗兰如此说。

一个强毅的艺术家大半在艺术中过活，实际生活只占了很少的一部分；人生变了梦，艺术倒反变了现实。

《约翰·克利斯朵夫》卷10·第2部

　　贝多芬是伟大的自由之声，也许是当时德意志思想界唯一的自由之声。

《贝多芬传》

　　贝多芬是自然界的一股力，一种原始的力和大自然其余的部分接战之下，便产生了荷马史诗般的壮观。

《贝多芬传》

　　不相信天才，不知天才为何物的人，请看一看弥盖朗琪罗罢！从没有人这样地为天才所拘囚的了。这天才的气质似乎和他的气质完全不同：这是一个征服者投入他的怀中而把他制服了。他的意志简直是一无所能；甚至可说他的精神与他的心也是一无所能。这是一种狂乱的爆发，一种骇人的生命，为他太弱的肉体与灵魂所不能胜任的。

《弥盖朗琪罗传》

　　一个真正的艺术家，长时期的被人误解以后，看惯了人类无可救药的愚蠢，会变得心胸开朗。

《约翰·克利斯朵夫》卷4·第1部

　　一个艺术家为了他所偏爱的一种艺术而牺牲另一种，那是可以理解的。但要在两者之间求妥协，就非两败俱伤不可：结果是说白不成其为说白，歌唱不成其为歌唱。歌唱的壮阔的波澜，势必受狭窄单调的河岸限制；而说白的美丽的裸露的四肢，也要包上一层浓艳厚重的布帛，把手势与脚步都给束缚了。

《约翰·克利斯朵夫》卷4·第2部

　　一个艺术家倘使能知道自己的思想在世界上会交结到这些不相识的朋友，他将要感到多么幸福——他的心会多么温暖，增加多少勇气……可是事实往往并不如此：各人都孤零零地活着，孤零零地死掉，并且感觉得越深切，越需要互相倾诉的时候，越不敢把各人的感觉说出来。

《约翰·克利斯朵夫》卷4·第3部

　　要是没有太阳，艺术家的使命不就是创造太阳吗？

《约翰·克利斯朵夫》卷5·第1部

　　创造艺术品的惨淡经营，为控制热情所作的努力，把热情归纳在一个美丽清楚的形式之中的努力，使他精神变得健全，各种官能得到平衡；因之身体上也有种畅快的感觉。这是所有的艺术家都领略到的最大的愉快。创作的时候，他不再受欲念与痛苦的奴役，而能控制它们了；凡是使他快乐的，使他痛苦的因素，他认为都是他意志的自由的游戏。

《约翰·克利斯朵夫》卷2·第3部

　　艺术家并不是独自一人创造作品。他在作品中记录他的同伴们，整整一辈人所痛苦、热爱和梦想的一切。

《母与子》中·第4卷

一个伟大的评论家同时应该是一个伟大的、有创造性的艺术家。

《罗曼·罗兰回忆录》

把我和易卜生联系在一起的，主要是他对社会谎言的无情揭露。他是驱赶伪善的大胆的猎人。世上的伪善者却纪念他！……艺术的顶峰！……

《罗曼·罗兰回忆录》

祈求自由和真理的这个易卜生，又使自由和真理突然变得可笑和憎恶，他到底要干什么！……对天发誓，您相信，还是不相信？如果您相信，您就大声说和坚决做！当您失去勇气时，您就保持沉默！但愿没有人会瞥见致命的思想在侵蚀您！为什么要引起那些苦难人的不安？……如果它的目的是纯粹的艺术，自由的艺术，而不是一种社会和说教的行动，我不会攻击它。莎士比亚完全有权表达各种矛盾的思想：他以拥抱整个现实的诗人的宁静反映了世界。而易卜生是个传教士。当基督在橄榄树下受难的时候，他会向他的门徒承认自己的脆弱吗？

《罗曼·罗兰回忆录》

在易卜生的戏剧面前，观众也睡着了。也许他们在装睡。他们很艰难地支撑着这些剧本，也许，更为严重的是，他们自己也难以安身立命！

我没有睡着。我觉得在我的皮肉上有一种纯洁和严厉的良心的利剑的刀口。

《罗曼·罗兰回忆录》

我至多允许智慧和心灵的精华们有权具有他们的一种形式，一种奥妙的艺术；因为他们是人类的花朵，我希望他们的种子能使未来的田园肥沃。我还不允许一个艺术家，即使这是天才，把自己局限于高傲的思索之中。他必须对社会付出报酬，以赎回知识私有。即使为了他本身的利益，也应该这样做。因为，如果他不能在人类的日常生活中占据地位，那他就不再是一个人。他应该不仅是一个人，一个单独的人，而应该是一个整体的人。

《罗曼·罗兰回忆录》

在眼神的王国里，拉斐尔取得了他的地位，他超越了它的国土。随着我对他们了解加深，他占有了我。他对我有很大的教益。当我生气、激动、疲劳时，我在他的凝思中得到一种宽慰，一种休息。从他伟大的作品中，表现出一种美好的平静，一种诗一般的清新，以至我变得年轻和轻松，仿佛重温在大自然怀抱里的那些日子。当我离开那儿的时候，最后一天，我向他，也只有向他去告别。我写道："我甚至没有去向米开朗琪罗辞行，尽管我一直钦佩他。不过我愿采取不公平的态度，对于那些我所喜爱的人特别偏爱。作为告别，我只想去看看拉斐尔。"

《罗曼·罗兰回忆录》

没有一个人想到真正的音乐家是生活在音响的宇宙中的，他的岁月就等于音乐的浪潮。音乐是他呼吸的空气，是他生息的天地。他的心灵本身便是音乐；他所爱，所憎，所苦，所惧，所希望，又无一而非音乐。一颗音乐的心灵爱一个美丽的肉体时，就把那肉体看作音乐。使他着迷的心爱的眼睛，非蓝，非灰，非褐，而是音乐；心灵看到它们，仿佛一个美妙绝伦的和弦。而这种内心的音乐，比之表现出来的音乐不知丰富几千倍,键盘比起心弦来真是差得远了。

《约翰·克利斯朵夫》卷5·第1部

  音乐家最好不时丢开他们的对位与和声,去读几本美妙的书,或者去得点儿人生经验。光是音乐对音乐家是不够的:这种方式决不能使他控制时代而避免虚无的吞噬……他需要体验人生!全部的人生!什么都得看,什么都得认识。爱真理,求真理,抓住真理——真理是美丽的战神之女,阿玛仲纳①的女王,亲吻她的都会给她一口咬住的!

《约翰·克利斯朵夫》卷5·第1部

  一个人的名气即使是鄙俗的,也有一桩好处,就是使上千上万的好人能够认识艺术家,而这一点,要没有报上那些荒谬的宣传就办不到。

《约翰·克利斯朵夫》卷8

  他是孤独的——他恨人;他亦被人恨。他爱人,他不被人爱。人们对他又是钦佩,又是畏惧。晚年,他令人发生一种宗教般的尊敬。他威临着他的时代。那时,他稍微镇静了些。他从高处看人,人们从低处看他。他从没有休息,也从没有最微贱的生灵所能享受的温柔——即在一生能有一分钟的时间在别人的爱抚中睡眠。妇人的爱情于他是无缘的。在这荒漠的天空,只有 Vittorla Colonna 的冷静而纯洁的友谊,如明星一般照耀了一刹那。周围尽是黑夜,他的思想如流星一般在黑暗中剧烈旋转,他的意念与幻梦在其中回荡。

《弥盖朗琪罗传》

---

  ① 阿玛仲纳相传为古希腊时代居于小亚细亚的女性部落,以好战著称。

在这黑夜将临的时光，他孤独地留在最后。在死的门前，当他回首瞻望的时候，他不能说他已做了他所应做与能做的事以自安慰。他的一生于他显得是白费的。一生没有欢乐也是徒然。他也徒然把他的一生为艺术的偶像牺牲了。

《弥盖朗琪罗传》

他的力强并不在于思想本身，而是在于他所给予思想的表情，在于个人的调子，在于艺术家的特征，在于他的生命的气息。

《托尔斯泰传》

我们绝对不像今日的批评家般说："有两个托尔斯泰，一是转变以前的，一是转变以后的；一是好的，一是不好的。"对于我们，只有一个托尔斯泰，我们爱他整个。因为我们本能地感到在这样的心魂中，一切都有立场，一切都有关联。

《托尔斯泰传》

一个大艺术家，即使他愿欲，也不能舍弃他自己借以存在的理由。

《托尔斯泰传》

托尔斯泰并不向那些思想上的特权者说话，他只说给普通人听。——他是我们的良知。他说出我们这些普通人所共有的思想，为我们不敢在自己心中加以正视的。而他之于我们，亦非一个骄傲的大师，如那些坐在他们的艺术与智慧的宝座上，威临着人类的高傲的天才一般。他是——如他在信中自称的，那个在一切名称中最美，最甜蜜的一个——"我们的弟兄"。

《托尔斯泰传》

对一个具有相当尊严的艺术家的灵魂来说，只有两条路可走：为自己、为上帝，为上帝所寄托的心灵（这是为上帝的另一种说法）而讴歌——或者为了摧毁这社会而对它说话。

《罗兰与梅森葆的通信》1890 年 9 月 28 日

米凯·昂琪罗的每一件作品都是一个观念。它所包涵的一切和配合的一切都是为了使这观念更有力地突出而创造的。

《罗兰与梅森葆的通信》1890 年 10 月 13 日

天才不能缺少养料。音乐家不能缺少音乐，——不能没有音乐听，也不能不把自己的音乐奏给人家听。

《约翰·克利斯朵夫》卷 10·第 1 部

一个不幸的人，贫穷，残废，孤独，由痛苦造成的人，世界不给他欢乐，他却创造了欢乐来给予世界；他用他的苦难来铸成欢乐，好似他用那句豪语来说明的——那是可以总结他一生，可以成为一切英勇心灵的箴言的。

"用痛苦换来的欢乐。"

《贝多芬传》

一个艺术家在写作的时候，眼睛盯着胜利，是不健康的。逃避胜利和追求胜利都是不行的。只有专心致力于战斗，就会取得胜利。如果他醉心于胜利，表面的胜利就会随之而来！念念不忘胜利会引偏了他的创作构思。

《罗曼·罗兰回忆录》

附录一：罗曼·罗兰的生平简介

打开窗子吧，让自由流通的空气吹进来。

——题记

本世纪初，在纳粹集中营里，德国法西斯分子曾搞过所谓的"罪恶书籍展览会"，其中，那十卷本的《约翰·克利斯朵夫》也赫赫入列。对此，小说作者说道："敌人看问题往往比朋友们更彻底……面对希特勒主义，面对践踏人类，压迫人类的暴君们，约翰·克利斯朵夫永远高举反抗的拳头。"

这位小说作者就是罗曼·罗兰——1915年诺贝尔文学奖的获得者；

"不创作，毋宁死"——罗曼·罗兰的信条；

二十几部戏剧，十余部传记文学，若干政治评论、音乐著述——罗曼·罗兰对人类文明的奉献。

（一）

罗曼·罗兰生于1866年，逝世于1944年，亲身经历了两次世界大战，后又几赴东方。在他丰富的人生经历中，有几个重要事件，是不容被忽视的。

罗兰高师毕业那年，设立在罗马的法国考古学校有一名研究生的空额，经高师校长的推荐，罗兰得到了去罗马深造的机会。这段生活，留给罗兰的可以说是一生中最愉快的插曲，他这样回忆："罗马在我生活上留下这样的光辉，以致我总是想把它看作在我的发展成长过程中起决定性作用的因素。我愿意把它当作能转变我的命运的善良的天使。我几乎要把我在罗马生活的日子，作为我的第二生辰，我的真正的生辰。"

在罗马的两年中，对罗兰一生赋有意义的有两件事。其一，凭着自己的音乐才能，罗兰成为罗马上流社会沙龙的宠儿，并因此与玛尔维达·封·梅森葆结成忘年之交。

贵族出身的玛尔维达有着很好的音乐修养，同时，对哲学、文学、历史也抱有极大的热情。她赏识罗兰的音乐天能，也理解罗兰对文学的执迷。罗兰把她识为精神上的母亲，他这样说："这位女友，是我的第二母亲，她爱我，我也爱她，我们的感情是充实的，深厚的。"多年以后，玛尔维达的友谊，一直是罗兰精神柱石的一个重要部分。

其二，正是在罗马，一直萦绕在罗兰心头，但又模糊而朦胧的"英雄形象"突然清晰地显现出来，那就是约翰·克利斯朵夫形象的产生。

罗大冈先生在《论罗曼·罗兰》中这样为我们描述当时的情景：

> 1890年3月，罗曼·罗兰在罗马郊外的霞尼古勒丘陵上漫步。突然，在夕阳照耀下，他瞥见一道"灵光"："我正在做着梦。夕阳的红光笼罩着罗马城。四方像大海一般，浮托着它。天上的眼睛吸引我的灵魂。我觉得自己荡漾起来，超出时间的界限。忽然间，我的眼睛睁大了。远远地，我望见了祖国……生平第一遭，我意识到我的自由的、赤裸裸的存在。那是一道'灵光'。"

这一道莫名其妙的"灵光"意味着他多少年来,"薄暮篱落之下,五更卧被之中",不断地苦思冥想的"英雄人物"的形象,已经在他灵魂深处开始浮现出来:他在霞尼古勒第一次瞥见了未来的约翰·克利斯朵夫的侧影。"当然,他尚未成形。可是他的生命核心已经在孕育中。那么,他是怎样的呢?——目光纯洁、自由……一个独创者,他用贝多芬的眼睛观看、并且判断当今的欧洲。在霞尼古勒的一瞬间,我就是这样一个创造者。从那时起,我用了二十年光阴,来表现他。"可见,罗马插曲之于罗兰的重要。

罗曼·罗兰的婚姻生活对罗兰的文学创作活动也产生过影响。

1892年春,在巴黎,罗兰结识了著名的语言学家、法兰西学院教授弥希尔·勃来亚的女儿克洛蒂尔特·勃来亚。这位犹太女子酷爱音乐,极为欣赏罗兰的音乐和文学才华。10月,罗兰与克洛蒂尔特结婚。罗兰为此向勃来亚教授应允的条件是写出学术界公认的博士论文,然后在大学执教。这其实与罗兰"不创作,毋宁死"的信条是相悖的,后来,他的博士论文得到好评,但他仍耿耿于文学创作,不肯埋头书斋作养尊处优的学者名流。这与克洛蒂尔特对他的期望大相径庭。加之,由于和勃来亚联姻,使罗兰涉足巴黎上流社会,真实地看到上层知识界的虚伪、傲慢、迂腐,更使罗兰反感,往往产生与之分庭抗礼的情绪。种种分歧,致使罗兰与生活了八年的妻子分手。家庭的解散,也宣告着罗兰精神上的解脱。独居的罗兰,深居简出,埋头写作。不到三年,他拿出了《约翰·克利斯朵夫》第一卷。

罗曼·罗兰也曾把他的目光转向东方。

1921年—1930年间,罗兰潜心研究印度的政治、宗教、文学,并三次去印度会晤泰戈尔。

1931年冬，罗兰会晤甘地。

晚年的罗兰，走出书斋，成为直接干预社会生活的"思想工作者"（罗兰语）。

1932年，在荷兰召开的国际反战统一战线大会上，罗兰被推举为名誉主席。

1933年，罗兰拒绝德国纳粹政府为了笼络他而送给他的"歌德奖章"。

1935年，罗兰应高尔基之约，对苏联进行了为时一个月的访问，其间，两次面晤斯大林。

1936年，罗兰70岁寿辰时，巴黎的工人群众召开了专门的庆祝大会；剧院上演罗兰的剧作。这些活动表现出罗兰的社会活动和文学创作得到了最广泛的承认。

（二）

人道主义者罗兰，这恐怕是中外文学界最为一致的看法。

罗兰的人道主义，首先表现在他对战争的态度上。

第一次世界大战初期，亦即1914年9月15日在《日内瓦日报》上，罗兰发表了他生平第一篇政论文章——《超越混战》。在这篇反战文章里，作者没有抓住殖民主义和帝国主义的实质进行反战宣传，而是站在超乎战争之外的立场上，认为欧洲各民族都是优秀的民族，各民族要共同维护欧洲文明。战争本身就是一种道德的沦丧。因此，他提出制止战争的有力措施就是成立国际性的道德法庭，进行"道德批判"和"良心仲裁",以此来消灭和避免战祸。

罗兰这剂"道德"和"良心"的药方,并没有对帝国主义战争实质的"症",而且,他这种维护欧洲文明的绝对态度,也为法兰西的沙文主义者及其影响下的公民所不容。但是,在当时的战争"狂潮"中,罗兰能开出这样的药方,也确实体现了他的独有的人道主义观念。大战期间,乃至罗兰晚年发表的一系列反战文章,无一不是阐释或升华他的这种观念。

对托尔斯泰的追随和对甘地的瞩目也是这位人道主义基督徒精神的外在表现。

1886年3月,罗兰通过《战争与和平》第一次发现了托尔斯泰,并深深为之倾倒。21岁的罗兰立即给这位俄国文学的泰斗写信,而当罗兰收到"托尔斯泰的慈祥的回信"(罗兰语)后,托翁对罗兰的生活信念和文学创作的影响便是不可估量的。

罗兰极为推崇托尔斯泰的泛爱观念,认为"爱人"是人生之本,是世界上最理想、最完备的秩序。为了建立这样的新秩序,应该消灭现代文明给人类带来的不平等和罪恶,强调人与人之间要建立平等博爱,互爱互助的关系。而要做到这一点,文学的目的就在于对人类进行道德的洗礼,要提倡道德的自我完善。

罗兰在慨叹"自从托尔斯泰逝世,欧洲再也没有一个伟大的道德权威"。同时,似乎就自觉地肩起传播道德的责任,他的一切创作都在讴歌生命、讴歌自然、讴歌人类,以此来表现泛爱精神。而且,始终坚持反对暴力。

也许正是这种反对暴力的思想底蕴,使得罗兰迷上了东方的甘地。

在《圣雄甘地》一书中,罗兰的人道主义观念表现得更为具体和彻底。他曾这样评价甘地:"斥责了暴力,但是他的非暴力运动却比一切暴力都更为革命。"

罗兰认为,由于甘地在实践活动中推行了"非暴力"主义,是一种彻底的基督精神,是比托尔斯泰的温情更富于实际意义的。这种对甘地的推崇正是罗兰人道主义精神内核的必然结果。

罗兰的文学创作更是人道主义精神的张扬。我们要注意的是,由于作家的文学创作是一个极为复杂的过程,它要受到外界和作家本我的种种因素的影响。因而,不同时期、不同题材的作品,所表现出的作家的思想观念的角度和层面也是不同的。

罗兰曾写下了以《贝多芬传》为代表的一批名人传记,以求在"沉闷""麻木"的欧洲,呼吸到"英雄的气息"。而他的"英雄"的概念,就完全出自于他的人本主义,即人道主义。

罗兰认为的"英雄",并不是"那些用思想或实力取得胜利的人",而是"仅仅指那些有伟大的心的人"。罗兰所谓的"伟大的心",就是"伟大的性格",也就是最能表现人自身力量的内在品质。因而,他笔下的贝多芬也好,米开朗琪罗也好,约翰·克利斯朵夫也好,无一不体现了作为"人"对命运的抗争。而且,作家强调"成功与否,关系不大。问题在于真正伟大,不是显得伟大"。这其实是对人的最本质的礼赞。

《约翰·克利斯朵夫》则是把人道主义和超人哲学推到一个更广的层面。

罗兰是这样结束《约翰·克利斯朵夫》全书的结尾:

  早祷的钟声突然响了,无数的钟声一下子都惊醒了。天又黎明!黑沉沉的危崖后面,看不见的太阳在金色的天空升起。快要倒下来的克利斯朵夫终于到了彼岸。于是他对孩子说：

"咱们到了！唉，你多重啊！孩子，你究竟是谁呢？"

孩子回答说：

"我是即将到来的日子。"

《约翰·克利斯朵夫》卷十初版序，也录下了作者的剖白：

我写下了快要消灭一代的悲剧。我毫无隐蔽地暴露了它的缺陷与德性，它的沉重的悲哀，它的混混沌沌的骄傲，它的英勇的努力，和为了重新缔造一个世界、一种道德、一种美学、一种信仰、一个新的人类而感到的沮丧。——这便是我们过去的历史。

你们这些生在今日的人，你们这些青年，现在要轮到你们了！踏在我们的身体上面向前罢。但愿你们比我们更伟大，更幸福。

我自己也和我迷去的灵魂告别了；我把它当作空壳似的扔掉了。生命是连续不断的死亡与复活。克利斯朵夫，咱们一齐死了预备再生罢！

从中我们不难看出，罗兰把他对人类的爱、忧虑、责任已不限于一两个"英雄"身上，他焦灼的目光射在整个人类。为了整个人类的自新、完美、和谐，他宁肯肩负重担，不惜牺牲，宁肯和旧的时代一起毁掉，在涅槃中求得新生。

这种最高道义上的人本主义、自我完善，正是罗曼·罗兰孜孜追求的。难怪《约翰·克利斯朵夫》各卷尾都留有一段铭文：

当你见到克利斯朵夫的面容之日，

是你将死而不死于恶死之日。

（三）

罗曼·岁兰从二十几岁开始，直至 79 岁逝世，终生笔耕不辍，唯一的收入是稿费和版税。

然而，谁又知道，罗兰能够以文学创作为生，完全得自于自己矢志不渝的坚持和奋斗。

这个法国中部一个偏僻小镇上的公证人的儿子，他来到这个世上时，家境就不富裕。1880 年，罗兰 14 岁时，为了能让他在巴黎读小学，全家迁居巴黎。1886 年，罗兰进入法国著名的高等师范学校学习。本来，罗兰志在文学，不愿进入高师。但由于家境的关系，罗兰的父母执意要罗兰入高师，以求毕业后有一份固定的薪俸和养老金。为了得到继续学习的机会，罗兰只好与父母立下字据，进入高师。然而，罗兰抱定了"不创作，毋宁死"的信条，在高师学习阶段，罗兰的全部兴趣和精力都投诸于游览、品味自然，学习、欣赏音乐，阅读、研究文学作品及历史。这段经历，使这位高产作家终身受益。

1912 年开始，罗兰完全脱离教育界，专门以著书为生。

罗兰最初的文学活动是从戏剧创作开始的。他的剧作除《狼群》（有中译本）外，并未得到文艺界及公众的注意。

1903 年，《贝多芬传》的发表，给罗兰带来了极大的声誉。后来，作家又写了《米开朗琪罗传》《弥莱传》《托尔斯泰传》等一系列名人传记。

1903 年—1912 年，罗兰用十年工夫埋头创作长篇小说《约翰·克利斯朵夫》。全书 10 卷，每年 1 卷，陆续出版。

1922年开始,罗兰分7卷陆续出版他的另一部多卷本长篇小说《母与子》,直至1933年全部出齐。

1928年—1931年,罗兰沉湎于印度宗教思想和甘地的研究。这期间发表的主要作品是《圣雄甘地》(中译本为《甘地》)。

以上是罗曼·罗兰的主要的文学创作活动。至于罗曼·罗兰在两次大战中所发表的一些政论性作品,这里就不一一列举了。只把其作为罗兰思想一个侧面的佐证。

附录二：罗曼·罗兰的主要作品

1. 《约翰·克利斯朵夫》，1948年骆驼书店初版，1953年平明出版社再版，后来人民文学出版社翻印平明出版社的译本，全四册，傅雷译。1980年人民文学出版社横排再版。

2. 《母与子》，只有一种节译本，名叫《搏斗》，是从英译本转译的，篇幅约相当原著的四分之一，陈实、秋云合译，广州人间书屋1951年初版。1980年广东人民出版社再版。

3. 《现代音乐家评传》，白桦译，上海群益出版社1950年版。

4. 《爱与死的角逐》，李健吾译，上海文化生活出版社1950年版。

5. 《狼群》，沈起予译，兰联书店1950年版。

6. 《韩德尔传》，严文蔚译，新音乐出版社1954年版。1963年北京第二次印刷，译名为《亨德尔传》。

7. 《七月十四日》，齐放译，作家出版社1954年版。

8. 《罗曼·罗兰革命剧选》，齐放译，人民文学出版社1958年版。

9. 《哥拉·布勒尼翁》，许渊冲译，鲍文蔚校，人民文学出版社1958年版。

10. 《罗曼·罗兰文抄》，孙梁译，上海新文艺出版社1957年版。

11. 《罗曼·罗兰文抄续编》，孙梁译，上海新文艺出版社1958年版。

12. 《爱与死》，梦茵译，上海泰东书局1928年版。

13. 《七月十四日》，贺之才译，商务印书馆1934年版。

14. 《圣路易》，贺之才译，世界书局1944年版。

15. 《理智的胜利》，贺之才译，世界书局1947年版。

16. 《李柳丽》，贺之才译，世界书局1947年版。

17. 《哀尔帝》，贺之才译，世界书局1947年版。

18. 《丹东》，贺之才译，世界书局1947年版。

19. 《爱与死之赌》，贺之才译，世界书局1944年版。

20. 《托尔斯泰传》，傅雷译，商务印书馆1947年初版，1950年六版。

21. 《贝多芬传》，傅雷译，商务印书馆1947年版。

22. 《弥盖朗琪罗传》，傅雷译，商务印书馆1947年初版，1950年三版。

23. 《甘地奋斗史》，谢济泽译，上海卿云图书公司1930年版。

24. 《甘地奋斗史》，米星如、谢颂羔编译，上海国光书店1947年版。

25. 《甘地》，陈作梁译，商务印书馆版。

26. 《弥莱传》，在五四运动以后不久，北京有个不定期刊，名为《骆驼草》，刊登了《弥莱传》的中译若干段，不全，没有单行本。

27. 《裴多汶传》，陈占元译，桂林明日出版社1943年版。

28. 《歌德与裴多汶》，梁宗岱译，桂林华胥出版社1943年版。

29. 《白利与露西》（即《比埃与吕丝》），叶灵凤译，上海现代书局1928年版。

30. 《孟德斯榜夫人》，李碌、辛质译，商务印书馆版。

31. 《造物者裴多汶》，陈实译（根据英文转译），人间书屋1946年版。

32. 《母与子》，上卷，罗大冈译，人民文学出版社1989年版。